我的第一本狗狗照顾书

刘彤渲◎著　　傅启嘉◎审定

中国轻工业出版社

那天，

你在我的怀抱中，

吐出最后一口气……

Hi~ 大家好~

我是彤渲，一直一直在染渲森森画画。
在染渲森森的小花（菜）园里，
前后收养了七只浪浪（流浪狗）：养乐多、
狗佛仔、旺旺、甜不辣、小小旺、黑麻薯、
小小欧。
在与它们相处的日子里，
我从一个狗狗超级门外汉，一点一点地
学着认识它们、照顾它们、
理解它们及面对它们的生离死别。
其中陪伴我最久的是黑麻薯，
最让我歉疚不舍的也是它。
在与麻薯生活的十五年里，
许多时候因为对狗狗养护知识的不足
而做了许多不对的事，

尤其是当我面对它的死亡时，
那种不知所措与巨大的失落感，
至今都让我痛着。
我想有许多人都跟我一样，
不管是还没养狗、还是已经养狗，
面对狗狗，心里总是有100个问号，
所以，我用很大的力气写与画了这本书，
除了分享我和麻薯的小故事，
也希望大家可以更懂狗狗，
不要跟我一样总在遗憾中懊悔着☺

这本书，献给黑麻薯

染渲森森　彤渲

阅读前，想让你先知道

写这样一本有点专业的狗狗书，是带着压力的。一开始，我是希望在我与黑麻薯的故事中，稍稍带一点狗狗的知识给大家，但写着写着，觉得有好多好多关于狗狗的大事小事都想让大家知道，写得越多、了解得越多之后，发现许多知识必须有非常专业的底气，才能磅礴呈现。而我究竟能带给大家什么呢？纵使书写完了、画完了，心里还是有些许空隙塞了点不知所措，所以在阅读此书之前，想让大家先知道。

☑ **我只是个爱狗、爱画画的人，感谢宠物医生当最强后盾**

我不是宠物医生，充其量只是个养过很多狗的人。我想借由柔软、温暖的插画来分享又硬又冷的养狗知识，然后让所有的狗狗更让人懂、更让人爱。在这本书里或许会发现不够详尽的文字或信息，请大家用最大的包容来理解我的尽力。许多限制条件下，如页数、视觉、成本等，我只能尽最大的力，用简单、平易近人的方式让更多人理解狗狗的基础知识。但请不用担心，我们也找了专业宠物医生审订全书内容，力求在轻松与专业之间，最大化地把狗狗的所有知识献给大家。

☑ **适合我家狗狗的，不一定适合你家狗狗**

我的旅程不等于你的旅程，我的爱情不等于你的爱情，我的故事不等于你的故事。书里分享了许多我自己的经验与对狗狗的照顾方式，若发现与你的观念不同，请先不要急着批判。如同人类一样，不同人种与族群、不同环境与资源，所能接受的饮食与生活方式都会不同。所以适合我家狗狗的，真的不一定适合你家狗狗。我的经验与分享，可以作为基本参考，但最重要的是，请大家根据狗狗的品种、体型、喜好与个性进行调整、变化。这本书的所有内容，可以比对但没有绝对。

☑ 以我的经历为基础，用各种知识加以完善

对这本书中出现的所有内容，我坚持：是我有过的经验并经历过的故事才会将它写出。但在经验与故事的基础上，向外延伸出的许多知识，我必须翻阅大量书籍与查询各类狗狗的知识，才能完善每个部分的内容。我想说的是，许多狗狗知识都是我对艰深术语努力消化与理解后，用最浅显易懂的话语重新诠释并呈现给大家的。所以我特别在书的最后面列出我在养狗狗的过程中会随时查看的"与我观念契合"的知识来源，除了真心感谢所有为狗狗付出的人，也想让大家在此书之外，可以学习更多、更深入的狗狗知识。

☑ 看图，也看看字

我是个视觉取向的人，所以我知道，或许你是因为这本书的插画与色彩才买下它（还在书店翻阅吗？请买下来吧！），但如果可以，请你试着一天一点点，阅读每个小小的文字，因为它们身上都藏着大大的期盼，期盼借助这些我字斟句酌写出来的一点一滴，可以让大家一起认识狗狗这种真的很好笑、很好气但又让人不舍的动物。如果你喜欢这本书，也请推荐给爱狗、爱画画的朋友喔。

谢谢！能有你一起读这本书，
是我与狗狗最大的幸福！

目录 Contents

狗佛仔

邻居送来的米克斯成年犬，是我家花园里的第1只狗狗，但因为狗佛仔从小由邻居养大，所以总是趁人不注意时偷偷跑回邻居家。几次离家出走又被抓回来后，觉得它这样实在太可怜，所以就把它送还邻居。但聪明的狗佛仔会在吃饭时间两边跑、两边吃……结果，它有两个家啊。

养乐多

第2只狗狗是耳朵大大的混种米格鲁（比格）。被朋友送来时才刚出生，小小软软的，那鹅黄色与淡橘红相间的身体，就像一罐好喝的养乐多。但因一次可怕的意外，它没来得及长大。我常常想着，可爱、活泼又好动的它，长大后会是什么样子？所以书里我画了一只想象中的它来贯穿全场，希望它就像我刻画的一样，有点贼头贼脑、有点傻里傻气，然后像养乐多一样健康又快乐。

旺旺

一次在自行车道骑车时，全程跟着我们的浪浪。我跟它约定，如果我骑过隧道再回来时它还在，我就带它回家。它真的就乖乖在隧道口等着，等我回来时，才又起身跟着我们走。旺旺后来生了3只小狗狗，其中1只是后来接管花园的小小旺。

小小旺

小小旺跟旺旺长得很像，只是颜色又掺了点棕褐色，是花园里最得力的护家犬。它跑起来像冲锋的坦克，英姿焕发。它在一次外出溜达后，就再也没有回来，我们找了好久好久，都没有它的下落。现在我带小小欧出门运动时，总会不自觉地寻找它的身影，希望有一天它就站在我面前。小小旺，你究竟在哪里？你好吗？

甜不辣

甜不辣看起来很好吃，有点像虎皮蛋糕、又有点像蘸了酱的甜不辣。它不知道发生了什么事，两只脚严重受伤、血淋淋的，爸爸在路边发现后把它带回家疗养。下雨天，甜不辣会躲在树下，然后在雨滴落到头上时，皱着眉头看天空，一脸多愁善感。后来我去外地工作，假日回家时才知道，它已经被爸爸的朋友带走。我一直很气馁当时没能阻止，如果可以，我真希望每到下雨天，就能看见在树下多愁善感的它。

小小欧

在欧马几 11 岁时，我想着万一有一天马几走了，花园会变得空荡荡的，所以，一次在台中的假日狗狗市集中发现跟欧马几小时候长得一模一样的小颗麻薯后，便立马带它回家，成了马几 2.0 的小小欧。双欧一起生活了 4 年，它们长得很像，但小小欧有双琥珀色的眼睛，在阳光下会闪闪发亮。它的个性善良又细腻，总是乖乖地在花园里陪着我，跟着我一起把这本书写完。

黑麻薯 (欧马几)

这本书的主角。阿姨带来的小东西，它来时，养乐多刚刚发生意外离开，我一点都不喜欢这乌漆麻黑的小东西。可是，刚出生的它，又香又软又黑得发亮，抱起来像一颗黑黑的小麻薯，一下子就让人爱不释手，所以叫它"欧马几"（黑麻薯的当地土语）。它是目前家里的狗狗中，唯一从小养到大再从大养到老的，它让我经历一只狗狗一生的所有变化，有笑得要死，也有伤心得要命。它曾带给我极大的欢乐，离世时也带给我极大的悲伤。因为它，才有这本书。欧马几，这是我在你墓前对你许下的承诺，你也要遵守约定，过得好好的，有机会，再来当我的最佳伙伴。

狗狗
那么多种

黑麻薯是毛长长的黑色米克斯，
但它一直觉得自己是人类，
优雅地吃、优雅地睡，
跟所有的狗都不合。

常见狗狗品种介绍

狗狗在动物界中是造型百变、模样各异的超级明星，有大到身高将近100厘米的獒犬，也有小至身高不到15厘米的茶杯犬。目前培育出来的狗狗品种有700~800种，不过，由世界犬业联盟认可的只有337种。你想要收编哪一种狗狗呢？

吉娃娃

吉娃娃的体型非常小，体重1~5千克。有又大又尖的耳朵，优雅、警惕、动作迅速。娇小的体型很适合养在市区楼房里，不过吉娃娃的个性比较神经质，常会因小小动静而吠叫。

博美

活泼、友善、聪明、警惕、充满好奇的博美很受欢迎。它是德国狐狸犬的一种，原产德国。修毛后的博美，像一颗蓬松的毛球，非常可爱。

雪纳瑞

雪纳瑞的外表和毛色很有特色，身体的长度和脚到肩膀的高度是相同的，看起来方方正正很好玩，脾气很好的它很适合作为宠物犬。有"标准雪纳瑞""迷你雪纳瑞"和"巨型雪纳瑞"3个品种。

贵宾

在服从性以及智商排名中，贵宾都是小型犬里的冠军，可爱的造型也让人爱不释手。有黑、灰、白、黄、棕等多种毛色，不易掉毛，不太会让人过敏，但若缺少适时打理，毛就会纠结成团。

米格鲁

米格鲁（Beagle）是小猎犬的音译。因为体型小且动作灵敏，在英国被视为猎犬，专门用来猎兔子，又有"猎兔犬"的称号。米格鲁个性活泼好动、非常非常有活力。

柯基

原名威尔斯柯基犬。原本培养来放牧牛羊，短短的腿与低矮的身材让它们免于被牛羊踢到。柯基犬最受欢迎的地方就是它那性感的屁屁与像鸡腿一样的小短腿。

柴犬

日本犬种，最早被培育为狩猎鸟类、兔子等小动物的猎犬。个性大胆、独立、顽固，有一定的警戒心与攻击性。部分专家觉得柴柴不适合初次养狗者饲养，但柴柴那么可爱，只要有心，还是能跟它成为好朋友的。

比熊

比熊的法语"Bichon Fris"意指"白色卷毛玩赏小狗"，原产于地中海地区，一般为白色。经过修剪后的小比熊像一颗棉花糖一样，圆圆的，超级可爱！

哈士奇

学名是西伯利亚雪橇犬，动作敏捷且力量大，原是北极居民饲养的品种，用来在雪地上拉雪橇。它是标准的寒带犬，高湿热的气候对哈哈来说实在痛苦，所以饲养时一定要非常注意，炎炎夏日中，请给它一个舒适的环境与温度。

黄金猎犬

微笑的狗。和善、欢乐、有耐心、容易亲近，对小孩或婴儿十分友善。同样的，它也很需要我们经常的陪伴才会快乐。饲养黄金猎犬，一定要衡量自己是不是有足够时间陪伴它，以免让它忧郁。

拉布拉多

拉布拉多属于中大型犬，很黏人，个性忠诚憨厚、温和友善、开朗乐天，且没有攻击性。多多智商很高，所以常被选作经常出入公共场合的导盲犬、警犬或搜救犬。

德国牧羊犬

人们常说的德国狼犬。原产德国，作为牧羊犬使用。它体型高大、外观威猛、动作敏捷，具备极强的工作能力，很适合动作式的工作环境，是军犬、警犬、搜救犬的最佳选择。

台 湾 犬

人们所说的台湾土狗。细尖耳、杏仁眼、三角状头部和镰刀状尾巴，是它特有的血统特征。2015年在世界畜犬联盟大会上，被正式命名为"台湾犬"（Taiwan Dog）。它聪明、敏捷，不容易与陌生人亲近，不过一旦认定主人，就会非常忠心。

米 克 斯

米克斯（MIX）不是犬种名。由不同品种的狗狗杂交而来的统称为米克斯。相较于许多品种犬因为近亲交配而有许多遗传疾病，米克斯属于自然繁殖，少了很多可怜的遗传疾病问题。米克斯大多健康、活泼、好照顾，个性与人亲近，黑麻薯就是米克斯。

法国斗牛犬

法国斗牛犬（法斗）外形特别，性格稳重，很少大声吠叫。它非常需要人类的陪伴，长时间独处容易出现分离焦虑。它是所有品种犬中带有最多遗传疾病的，饲养前，请先想好自己能否承受未来它可能生病的压力。

巴 哥

原叫哈巴狗。凸凸的眼睛及皱褶的皮肤需要特别留神照护，不适合高湿的环境，夏天一定要给它凉爽的生活空间。巴哥就像个孩子，喜欢被拍、被哄，是非常需要人关爱的狗狗。

领养狗狗这样做

我们家的7只狗狗，除了现在还陪伴着我的小小欧是领养而来，其他都是浪浪。流浪狗并不是大部分人以为的那样都凶恶、充满野性。流浪犬大部分是米克斯，而米克斯的个性其实相当喜欢与人亲近。让人"觉得流浪犬都很凶"，是因为长年在外生活的它们必须强悍起来，才能有生存与保护自己的能力。换成人，不也是这样吗？

有些流浪狗是被人类弃养后才流落街头的，它们更渴求能重新得到一份关怀与爱。如果你想养狗狗，除了领养，若在路上遇见与你投缘的流浪狗，也可以试着带它回家。你给它多少爱，它就会加倍地还给你。

你发现了吗？我没有提到"购买"。

每次经过宠物店，看着一格一格橱窗里面的小狗，我心里就很难过。很多繁殖场并不人道，狗狗活着，就只为了不停繁衍小狗、让商人获利。一旦没有生殖能力，它又能得到什么善终？

领养代替购买，真的不只是口号。若可以，请试着查询关于繁殖场的信息，你就会知道有许多狗狗都身陷在什么样的炼狱里。心痛过后，也请你跟身边所有想养狗狗的人说说这件事。领养、认养，绝对比购买要充满爱。

还有，领养不难，请跟着接下来的步骤，来评估你与狗狗的未来。

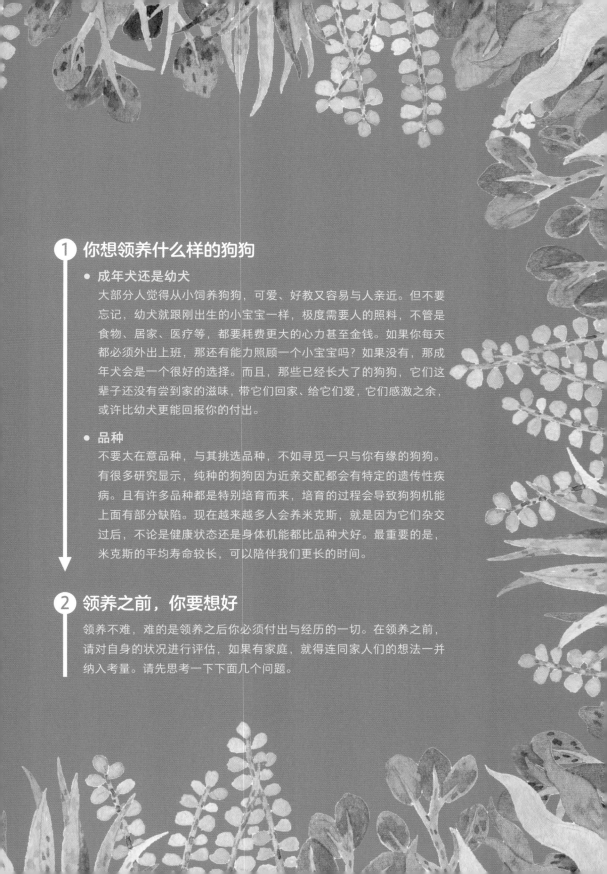

① 你想领养什么样的狗狗

● **成年犬还是幼犬**

大部分人觉得从小饲养狗狗，可爱、好教又容易与人亲近。但不要忘记，幼犬就跟刚出生的小宝宝一样，极度需要人的照料，不管是食物、居家、医疗等，都要耗费更大的心力甚至金钱。如果你每天都必须外出上班，那还有能力照顾一个小宝宝吗？如果没有，那成年犬会是一个很好的选择。而且，那些已经长大了的狗狗，它们这辈子还没有尝到家的滋味，带它们回家、给它们爱，它们感激之余，或许比幼犬更能回报你的付出。

● **品种**

不要太在意品种，与其挑选品种，不如寻觅一只与你有缘的狗狗。有很多研究显示，纯种的狗狗因为近亲交配都会有特定的遗传性疾病。且有许多品种都是特别培育而来，培育的过程会导致狗狗机能上面有部分缺陷。现在越来越多人会养米克斯，就是因为它们杂交过后，不论是健康状态还是身体机能都比品种犬好。最重要的是，米克斯的平均寿命较长，可以陪伴我们更长的时间。

② 领养之前，你要想好

领养不难，难的是领养之后你必须付出与经历的一切。在领养之前，请对自身的状况进行评估，如果有家庭，就得连同家人们的想法一并纳入考量。请先思考一下下面几个问题。

● 做好心理准备了吗

狗狗一旦到了你的身边，如果是幼犬，那就是一段大约长达 15 年的岁月，你有心理准备在未来的人生里，都能不离不弃地照顾这只像个 2 岁孩子的动物吗？你的家人呢？他们怕不怕狗？喜不喜欢狗？会不会对狗毛过敏？这些都会影响未来狗狗与你的生活。

● 有时间吗

我并不是不赞成上班族领养狗狗，但若一天有 8、9 个小时必须在外奔波，再扣掉睡眠时间，那还有几个小时能陪伴狗狗？更别说在这短短的几个小时里你得顾及它们的饮食、运动跟医疗照顾。长时间独自被关在同样空间的狗狗，精神上很容易焦虑，健康也一定不佳，照顾起来反而更不容易。

● 家里的空间够吗

家里有庭院当然是最好的，但若住的楼房或与多名家庭成员同住，那空间上也是需要考量的。养一只狗狗所需要的空间远比你想象的大，比如无法外出时它要在哪里大小便？你睡觉时它跟你同睡一张床还是有自己的小窝？如果空间有限，或许就只能领养小型犬，但小型犬较神经质，你住的楼房能接受狗吠吗？

● 经济能力还可以吗

狗狗要吃、要洗澡、要护理，还需要定期打疫苗和驱虫，生病时必须支付昂贵的医药费用。相信我，真的很昂贵。如果你经常外出旅游，还必须把寄宿宠物旅馆的费用纳入支出当中。除了这些，还有零食、雨衣、项圈、睡垫、饲料盆、指甲剪等，都可能是在你爱它爱得无法自拔时衍生出来的额外开支。如果你的收入无法支撑这些开销，请务必慎重考虑。养一只狗狗就跟养一个孩子一样啊！

③ 领养的渠道有哪些

如果上一部分的每个选项在你思考过后都没问题，那就可以开始寻找领养渠道了。除了流浪犬或认识的送养人外，也可以从这些地方寻找。

- 动物认领养平台。
- 民间的收容所、流浪狗饲养场。
- 假日公园的狗狗认养集会。

④ 领养时的手续有哪些

通常送养人或是送养机构都会先与领养人沟通，确定领养人符合条件，才会执行领养程序。

- 成年且有经济能力。
- 与家人同住者需得到家庭成员同意。
- 身心状态、居住环境皆需稳定。
- 需同意注射疫苗并在狗狗成年后绝育。
- 需同意送养人后续追踪及家庭访查。

⑤ 带狗狗回家之前要先准备什么

通常一完成领养手续就能直接把狗狗带回家了，所以在出发去领养前，请先在家里准备好。

- 如果是幼犬，狗粮要先泡软。
- 准备好充足且方便取用的干净水。
- 准备好睡觉的地方，冬天注意保暖、夏天注意通风，但避免空调直吹或阳光直射。

- 多准备一些尿垫或报纸。
- 可以放一些玩具或零食，让狗狗不那么紧张。
- 把家里危险的物品收起，如电池、纽扣、药品、清洁剂等。

⑥ 狗狗回家了！要注意哪些事呢

- **身体检查及打疫苗**
  办领养手续时，送养人会先跟你说明狗狗打疫苗的状况，若都还没有打过，回家前可先带去宠物医院，做基本的检查及体内外驱虫。14 天后若无恙，再按周岁时间打疫苗。

- **温柔安抚**
  回家的路上，狗狗可能坐立不安或动来动去，请温柔、耐心地安抚它。

- **环境适应**
  回到家后，不用为了让狗狗感到亲切就不停逗弄它或找它玩耍。刚到陌生环境，看见陌生人，狗狗一定会紧张害怕，若是此时动作太过激烈，会让狗狗乱窜或是大小便失禁。安静地陪伴，让它慢慢熟悉环境就好。

- **呜咽嚎叫**
  狗狗刚到家的前几个晚上，一定会因为不习惯而呜咽嚎叫！领养人要有心理准备，头几个晚上你可能会无法安眠。狗狗叫时可以轻声制止并安抚，但绝不可以斥喝，几天后，这样的状况就会慢慢好转。

- **不要急着洗澡**

  刚换环境会让狗狗的免疫力下降，即使是流浪狗，也不要急着给它洗澡。先让它适应环境，确定没有腹泻、打喷嚏、不吃不喝及精神涣散等情况后再洗澡。若有上面的情况，要赶快找医生检查。

- **让它自在地排泄**

  在陌生环境中，狗狗根本不知道在哪里尿尿、便便才是对的，尤其是幼犬，还不能控制排泄，所以这个时期先让它自在地、想在哪里解决就在哪里解决，我们事后再去清理。但这样的状况不能一直持续，狗狗熟悉环境并开始与人互动后，就要开始训练大小便。

⑦ 怎么训练大小便

刚回家的狗狗，除了吃饭与运动，我会先让它在我限制的范围内自由地大小便——是限制的范围喔，比如你可以先把某个区域用小栅栏围起来，或是先把它的行动控制在某个房间里。这样持续 2～3 周，接下来可按如下方法操作。

- **在这个限定区域的某个固定角落放报纸**

  这时候需要每天花时间耐心盯梢。若狗狗在报纸以外的地方排泄，要马上用不高兴的语气制止，记得表情严肃，让它感觉"事情好像不太对"；若是狗狗刚好在报纸上面大小便，立刻给它鼓励并奖励小零食。一开始报纸铺的范围可以大一些，等它慢慢知道应在报纸上面大小便后，就能渐渐缩小报纸面积。

- **报纸排泄法持续一段时间并试着换位置**

  狗狗每次都能正确地在报纸上排泄后，就能试着把报纸移到其他地方，看它是不是也都能找到报纸上来解决。有一次，小欧蹲下屁股正准备在放在阳台上的报纸上便便时，一阵风将报纸吹着跑，而小欧竟然也能跟着报纸边移动边便便！这就代表这个动作已经练得很成功了。下一步，要训练它们外出散步时才便便啰。

- **散步时，把排泄过的报纸一起带出去**

  能够不在家里排泄是最好的了，如果能每天有固定时间带狗狗外出散步、运动，那就训练它在外面大小便吧！外出时，拿一个袋子把狗狗排泄时用过的报纸装好一起带出门，然后在外面选择一个适当的地点把报纸放上去——尽量选择草地上、草丛边，以免狗狗以后在人行道或马路上大小便。

  尽量诱导狗狗去闻它排泄过的味道，这需要一点耐心。因为环境已经大大的不同，狗狗很难一次就领悟到那是可以便便的地方。等它嗅到自己熟悉的气味，渐渐地也会想在上面方便。几次之后，就不再需要带报纸出门，狗狗也能顺利在外大小便了。

⑧ 狗狗收编成功

跟着步骤一步一步来，是不是也不难？

对于从来没有养过狗狗的人来说，一开始一定是吃力的，甚至半途会很想放弃。狗狗就像小小孩，从吃饭、尿尿、大便、互动、学习，都需要我们很耐心地去教导。而且狗狗不会说话、不会应答、也不会像

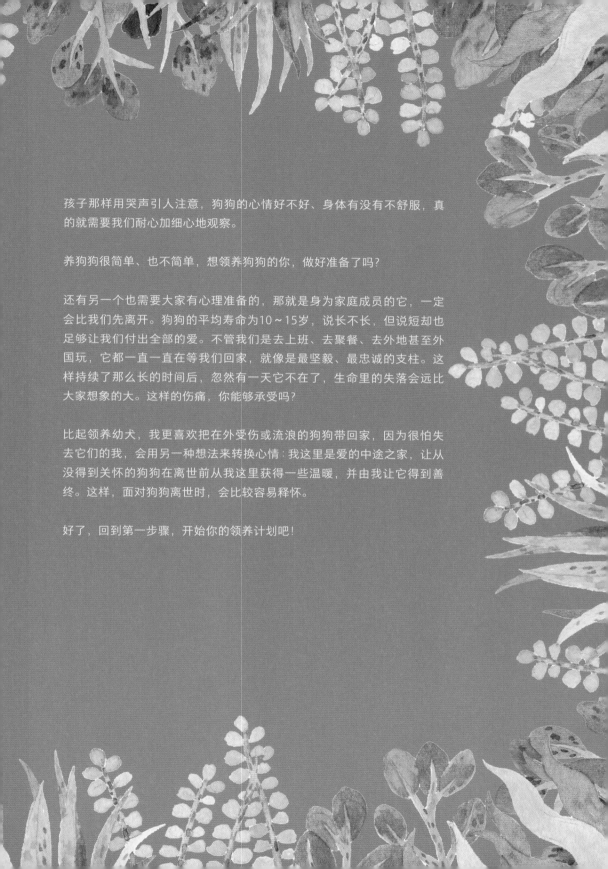

孩子那样用哭声引人注意，狗狗的心情好不好、身体有没有不舒服，真的就需要我们耐心加细心地观察。

养狗狗很简单、也不简单，想领养狗狗的你，做好准备了吗？

还有另一个也需要大家有心理准备的，那就是身为家庭成员的它，一定会比我们先离开。狗狗的平均寿命为10～15岁，说长不长，但说短却也足够让我们付出全部的爱。不管我们是去上班、去聚餐、去外地甚至外国玩，它都一直一直在等我们回家，就像是最坚毅、最忠诚的支柱。这样持续了那么长的时间后，忽然有一天它不在了，生命里的失落会远比大家想象的大。这样的伤痛，你能够承受吗？

比起领养幼犬，我更喜欢把在外受伤或流浪的狗狗带回家，因为很怕失去它们的我，会用另一种想法来转换心情：我这里是爱的中途之家，让从没得到关怀的狗狗在离世前从我这里获得一些温暖，并由我让它得到善终。这样，面对狗狗离世时，会比较容易释怀。

好了，回到第一步骤，开始你的领养计划吧！

狗狗那么好懂

1. 年龄 How old are you

2. 食物 Yummy yummy

3. 习性 What are you doing

4. 心情表达 How are you doing today

5. 智商 So smart

6. 健康状况 Are you ok

7. 发情 It is time to

麻薯刚来时才2个月大，软软的、黑黑的、小小一团，就跟一颗黑色麻薯一样，所以叫它欧马几（黑麻薯），因为又黑又小，常常找不到它……

story： 初来乍到的黑麻薯

黑麻薯初来乍到时，我很不喜欢它。

差不多是它来的前几个月吧，养乐多在花园里玩耍时，脖子被吊挂的碎布缠绕，窒息死亡，那是一个可怕的意外——一个因为我们不够留意生活环境而发生的可怕意外。养乐多那就像饮料养乐多一样温和软润的小小影子，一直被我刻在心里，挥之不去，尤其当我想象着它发生意外时的慌张与无助，我的心更被用力地掰成一块一块。那阵子，我的眼眶总是湿答答的，干不了。就在我一颗心还破破碎碎的某一天，阿姨一家从南部驱车前来拜访，随车还带了一个黑黑的小东西。

那小东西真的很黑。

它这里闻闻、那里嗅嗅，把小小的头伸进鞋子里，把短短的"手"伸向每一个人，好像在自己的家里一样，毫不陌生。阿姨说，那是表哥前几天在一处废弃军营发现的，当时有一整窝刚出生的黑黑小浪浪，表哥蹲在军营的铁篱笆外，伸着手问："你们谁想跟我回家啊？"说也奇怪，这句话才讲完，大部分狗狗都一溜烟地回头往草丛里钻，只有一只毫不畏惧、直直地往表哥伸出的手走来，然后乖乖地跟着回家。那天，阿姨一家很晚才离开，心里还满满全是养乐多的我，一直到他们离开前，都没有问起那黑黑的小东西究竟是要干吗？"那么黑"是我对它的唯一的评价。

第二天，天刚刚亮，我被一种很久不见却熟悉的感觉唤醒，好像是一点点的期待，不知道那个"那么黑"的小东西有没有被留下来。起床后，我假装满不在乎地这里走、那里晃，实则暗地寻找，终于在一个矮柜的角落旁，看见一团黑黑的东西微微蠕动，还大胆地用它那黑得晶亮的小眼睛直瞪着我。是"那么黑"！它没有走！我心里的一点点期待膨胀成一大团的兴奋，好像在那一瞬间，就喜欢上了它。

那天晚上，我梦见自己蹲在一处废弃军营的铁篱笆外，看着篱笆内一窝刚出生的小浪浪，在跳动的身影与杂草晃动中，我与其中一只"那么黑"的狗狗四目对望，我与它之外的世界都变得模糊，只有那盯住的眼神明亮，接着，脚步轻轻地，它慢慢向我走来。

它是麻薯，黑黑软软的"那么黑"黑麻薯，从那一天起，跟我一起走过了15个四季变换。

1. 年龄 How old are you

狗狗平均寿命在10～15年，最长寿的纪录是21岁。它们的寿命与生活方式、品种、体型、饮食及环境等都有很大关系。有研究指出，黑毛狗比其他毛色的狗狗寿命要长！毛色乌黑的黑麻薯如果没有生病，应该可以陪伴我更长时间。

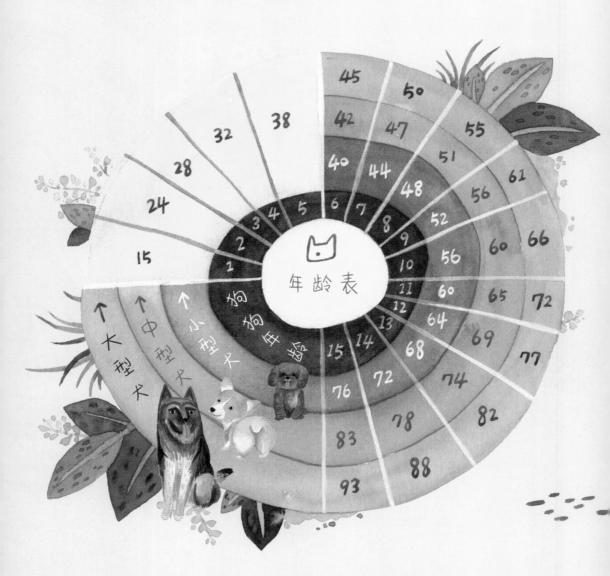

大 型 犬

德国狼犬、黄金猎犬、拉布拉多、哈士奇、大麦町、秋田等都是大型犬。大型犬在出生后5~6年便慢慢进入老年期，它们的寿命比中小型犬短一些，10岁左右。

中 型 犬

松狮犬、法国斗牛犬、沙皮狗，还有拥有漂亮屁股的柯基等属于中型犬。它们在出生7年后开始衰老，平均寿命10~13岁。

小 型 犬

玩具贵宾、雪纳瑞、博美、吉娃娃、柴柴等是小型犬。小型犬的寿命较长，在出生后8~9年进入老年，平均寿命都能达到13岁以上。

但狗狗的年龄与体型的关系并不是绝对的，平常与它们的相处方式、医疗照顾以及日常活动等，都有可能改变狗狗的生命长短。黑麻薯从小能自由自在地奔跑，且家人总时时陪伴在它身边，与它玩耍，虽然它在最后的时光生了一场大病，但也快乐地活到了15岁，算是很长寿了呢！

2. 食物 Yummy yummy

狗狗吃东西狼吞虎咽，看起来好像什么都吃、很好养，但实际上狗狗的饮食大有学问，尤其它每天吃下肚的食物都是由我们准备的，为了它的健康，我们更应该多加把关。

3个月以前：刚出生的幼犬，没有办法忍受饥饿，应少量多餐，一天约分4餐喂食。

3～6个月：快速长大的时期，非常需要营养，同样一天4餐，但分量要慢慢增加。

6个月以上：接近成年犬后，一天分早、晚两餐喂食就好，分量请参考下表。

☑ 除此之外，一定要准备充足、干净的水，供狗狗随时饮用。

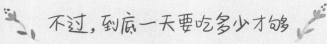

有些狗粮外包装会印有食用量的参考，但有时候，那些参考数字多少带有一些商业上的考量。若真按照那样的食用量喂食，那养的就不是狗而是猪了。网络上可以查到许多狗狗食物总量的换算法，但那些复杂的计算公式跟热量数字，实在让人头昏脑涨，我以颗粒狗粮为基准，整理了一个比较简单的参考方式。

狗狗体重	一日狗粮的总量
3 ～ 5 千克	60 ～ 100 克
6 ～ 12 千克	100 ～ 170 克
13 ～ 20 千克	180 ～ 250 克
21 ～ 30 千克	260 ～ 350 克
31 千克以上	350 克以上

这是一个可以快速参考的颗粒狗粮喂食量，但还是要根据狗狗的食欲、活动量、排便量及食物提供的热量酌情增减。若是湿粮或鲜食，因为水分含量较高，总重量可以再增加30%～80%，具体增加多少应根据食物中的含水量来调整。

狗粮

人们一般会把颗粒狗粮作为狗狗的主食，除了方便，它的成分也都经过特别调配与计算，如蛋白质、矿物质、脂肪、维生素等都已搭配均衡，不用再另外费心添加。且干的颗粒狗粮比湿性食物更不容易让牙齿长牙垢，对容易长牙结石的狗狗较好。

- 4个月内的幼犬，应将颗粒狗粮先泡软再喂食。
- 观察狗狗的便便是否过硬过稀，味道不好。如果连毛都变得粗糙没有光泽的话，那可能就是目前的狗粮不适合它，应更换不同厂家的产品试试看。
- 有许多功能性狗粮可以选择，如关节保健、肠胃保健、皮肤病专用、幼犬或高龄犬适用等，也有添加干燥蔬菜的，让狗狗充分摄取膳食纤维。
- 若买大包装颗粒狗粮，记得做好防潮处理或事先分装成小包，以免狗粮变质。
- 以颗粒狗粮为主食时，一定要记得让狗狗多补充水分。

罐头

以动物内脏、肉类为主的罐头通常都做得很香，对狗狗的吸引力绝对大于颗粒狗粮，但不建议作为主食，一方面它的营养没有颗粒狗粮那么全面，另一方面也容易造成狗狗长牙垢与偏食。罐头可以拿来做副食、奖励、零食，或生病没胃口时的替代品。

- 为了方便保存，罐头里的肉类可能会添加许多添加物，购买时应注意成分标示。
- 太常吃罐头容易让狗狗挑食，不要长期让狗狗食用，不然很难换回颗粒狗粮。
- 罐头容易造成牙垢、牙结石，吃完后要加强口腔清洁。
- 除了功能性罐头可以选择，另外还有看得见肉块的蒸鲜食，内容物较单纯、无色素。
- 罐头品质的好坏差异很大，挑选前一定要多做功课，以免让狗狗伤身伤肾。还记得几年前一个知名品牌爆出的狗狗食品安全危机吗？太可怕了。

为了让麻薯吃得香，我会把狗粮跟罐头混合在一起

2/3 狗粮 + 1/3 罐头

✡ 鲜食

烤

能逼出肉类油脂，且香味明显，狗狗很喜欢

煎

用不粘锅或放少许油来煎煮，尽量少油

蒸

蒸的方式能保留水分，让狗狗进食中顺便补水

鲜食是指用新鲜食材加工而成的食物，可以有肉、蔬果、蛋奶等。最大的好处就是使用什么食材我们都清楚，不会有化学添加物。自制鲜食虽然麻烦耗时，要注意的地方也不少，但狗狗看到鲜食上桌，通常都会眼睛闪闪发亮，非常兴奋。看到它们开心，我们也开心。

- 以肉类为主，牛、猪、鸡、鱼肉都可以，再搭配一些蔬菜、淀粉，内容就能很丰富。
- 鲜食因含水量高，所以分量要比喂颗粒狗粮时多30%~80%。
- 可以一次多煮几餐，按餐分装后冷藏或冷冻保存。因为不含添加物，建议一次不要准备超过1星期的量，以免变质，反而让狗狗吃了腹泻。
- 可与颗粒狗粮搭配，一半鲜食、一半颗粒狗粮，让营养均衡。或以天数来区分，每个星期提供2~3天鲜食，其余几天喂颗料狗粮。
- 要特别注意狗狗能吃与不能吃的食物，后面会列表，大家可以拍照或复印下来备用。

狗狗的身体构造、机能与人不同，许多对人好的食物，对狗狗却是大伤害。帮它们做鲜食前，一定要先弄清楚它能吃什么、不能吃什么，而不是一股脑儿地只做我们自己爱吃的食物。

狗狗能不能吃

绝不能吃	香辛料	如辣椒、胡椒、芥末、五香粉、姜、葱、韭菜。
	蔬果	葡萄、葡萄干：含多酚物质，容易引发肾衰竭。 洋葱：含二硫化合物，会破坏红细胞正常代谢，形成血尿。
	零食	巧克力：含生物碱，对狗狗的伤害非常大。 油分太高的蛋糕或饼干：油分太高容易引发胰腺炎。 夏威夷果与核桃：致毒原因不明，但中毒案例不少。 牛皮骨：不要再给狗狗吃牛皮骨，后面会详细介绍。
	其他	培根、香肠、香酥鸡、火腿、咖喱：盐分太高。 鸡骨、鱼刺、易碎的骨头：容易让狗狗噎到或刺伤肠胃。 咖啡、茶：狗狗心跳本来就快，咖啡、茶易导致心律不齐。 生蛋白：可能让狗狗掉毛、引发皮肤病。 水果核：水果核含有氰化物，对狗狗来说是致命毒物。
适合吃	肉类	狗狗本来就是以肉类为主食，可各种肉类换着吃。
	蔬果	除了上述不能吃的蔬果外，大部分蔬果能帮助消化，并补充维生素与矿物质。但狗狗还是应以肉类为主要食物，蔬果可以少量搭配在食物或狗粮中。
	淀粉类	白米、胚芽米、面条、燕麦、大豆、薏仁、红薯、马铃薯等都能适量搭配在鲜食里，让狗狗换换口味。
	其他	玉米、海带、牛奶、芝麻、鱼油等食物有较明显的气味，可以适量放进鲜食中或混进狗粮里，变换每日餐饮的风味。
对狗狗很好	熟鸡蛋	高营养且易消化，大部分狗狗都很喜欢熟蛋黄的味道。
	苹果	富含维生素C，保健肠胃，增加膳食纤维。
	南瓜	有丰富的膳食纤维和β-胡萝卜素，加进鲜食里面，颜色漂亮、味道也好。
	胡萝卜	有利于让毛更光亮，帮助伤口修复与愈合。
	鲑鱼	富含ω-3脂肪酸，可强化免疫系统，有益皮肤健康，还能改善过敏，但记得一定要煮熟并挑净骨刺，尽量避免生食。

空闲时，
我会自己做鲜食让麻薯换换口味，
这份是我很常使用的食谱，又快又简单！
可以一次把一个星期的分量做出来，
要吃时从冰箱拿出来加热一下就好 ♡

麻薯的食谱

(1) 绞肉

鸡肉或猪肉都可以，
若用猪肉，记得要用瘦肉，
分量就看想一次准备多少来斟酌。

(2) 鸡蛋
2~3个

(3) 芹菜
也可换成南瓜、胡萝卜或菠菜，
蔬菜的分量不用多，切得细细碎碎的，
狗狗适口也好吸收。

上面的材料充分混合后，放进烤箱 180℃ 烘烤 30 分钟，
再取出放凉就可以了！

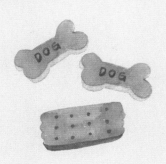

零食

肉干类　　　　　　　　饼干类

和小孩一样，狗狗偶尔能吃上一口零食会非常开心。不同种类的狗狗零食有不同功能，例如，肉类的能促进食欲、饼干类的通常有添加益生菌或其他特定元素、难咬的让狗狗打发时间、较硬的则能帮助去除牙垢。此外，在训练、奖励、制约等互动中，零食都是超级好帮手。

- 这里的零食是指狗狗专用零食。人吃的零食，调味都太重，不适合给它们吃。
- 控制零食量，狗狗再疯狂喜欢也不能当主食，否则会让狗狗偏食或再也不吃正餐。
- 狗狗零食品质参差不齐，一定要看清楚成分及来源，特别要注意避免过多添加物及色素。
- 饼干类的零食通常都添加了油脂，但油分太高对狗狗不好，应斟酌喂食的数量。
- 可以自己买鸡胸肉，用烤箱70℃低温烘烤3小时。这是最健康、天然的狗零食了。
- 零食的分量，不要超过每日食物总量的15%。

麻薯的"握手、坐下、好吃、摸摸"
都是用零食训练出来的～

洁牙骨

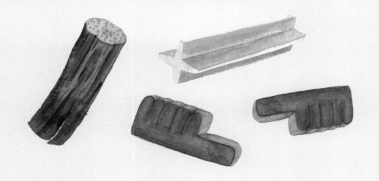

狗狗主要是利用口腔后侧的牙齿咬食，这里也最容易藏污纳垢。洁牙骨通常都做得比较硬，让狗狗反复咀嚼，使牙菌斑不易附着，也让已经形成的牙结石经摩擦而变小或变薄。但洁牙骨只是清洁狗狗口腔的辅助产品，最重要的还应是通过刷牙来保持口腔清洁。

- 洁牙骨绝对不是越硬越好，过硬会让牙齿崩裂。以人的双手可以折断的硬度为宜。
- 餐后给狗狗洁牙骨，以1天喂食1次为原则。仍以刷牙为主、洁牙骨为辅。
- 根据体型大小选择不同尺寸的洁牙骨，不要选择狗狗能够一口吞下的尺寸，一口吞下除了容易消化不良，也很可能噎着甚至窒息。
- 选择用天然食材制成的洁牙骨，避免人造产品或添加色素。
- 现在还有天然脱落鹿角等洁牙骨可以选择，但因价格较高且使用不普遍，效果还不确定好不好，大家也可以给喜欢咬食的狗狗试试看。

不要再给
狗狗吃牛皮骨了
It's the deadliest chew toy

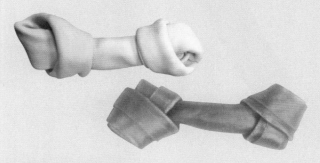

牛皮骨是皮革，不是骨头

小小欧小时候很调皮，我为了专心工作，也会买这样耐咬又可爱的牛皮骨给它打发时间。后来无意间看到关于牛皮骨的报道，才知道这是一个多可怕的产品！它不是任何肉类、骨头的副产品，而是皮革制品！我实在惊讶这种充满化学制剂又完全没有营养与好处的东西，为什么会出现在各地宠物店甚至宠物医院？我想一定有许多人跟我一样，在不知情的情况下把这样的"毒药"买给自己的狗狗吃，可怜它还吃得津津有味、欲罢不能。究竟有多少人知道牛皮骨的真面目？

牛皮骨的化学成分

漂白水、防腐剂、黏合剂、染色剂等。

牛皮骨的制作过程

1. 去毛防腐

牛皮送到制革厂处理之前，为避免腐坏，会先浸泡在化学药剂里面保存。接着，使用碳酸钾或是剧毒的硫化钠把附着在皮革上的毛和脂肪去除。

2. 淡化漂白

去毛后的皮革，颜色不好看，这时候就会用化学溶液或漂白水漂白，好淡化丑陋、不均匀的皮革色，这就是为什么有些洁牙骨如此白净。

3. 染色增味

有些洁牙骨标榜烟熏、烧烤口味，总不能还是白白一根，但是别以为真的是用酱油炙烧过，厂商炙烧的原料是褐、棕、黄、橘的染色剂，再添加一些人工调和的气味，让狗狗和主人误以为洁牙骨是好吃的美味。

4. 黏着塑形

最后，将皮革凹折成如骨头一般的形状（市面上有各式各样的造型，如甜甜圈、鞋子、长棒等），为了不让牛皮骨在狗狗啃咬过程容易松脱散开，就需要使用黏合剂来完美成形。黏合剂……真是不敢相信。

根本像是浸泡在化学药剂中生成的牛皮骨，除了眼花缭乱的有毒成分外，这些难消化的皮革还可能在狗狗啃咬过程中造成噎食窒息或刮伤消化道。天哪！我真是不敢相信自己过去竟给双欧吃下那么可怕的东西。我不禁怀疑，麻薯后来的肝肿瘤与牛皮骨究竟有没有关系。

3. 习性 What are you doing

为什么乱叫？

为什么一天到晚睡觉？

为什么总是喜欢到处尿尿？

为什么出门散个步要这里闻闻那里闻闻？

为什么那么喜欢咬拖鞋、咬桌脚、咬这咬那还咬人？

你是不是很喜欢狗狗，可是总是有100个为什么，对它们又爱又怕？其实它们很简单、很好懂的，只是需要我们多了解一点，掌握几个主要的习性与特征，我们跟狗狗就能和平相处、相亲相爱。

黑麻薯有时候的行为很让人摸不着头脑又很搞笑，如把屁股贴在地板上滑行、在沙堆里打滚，偶尔调皮捣蛋让我生气又无奈，甚至还曾经狠狠地咬过我与家人。后来经过长时间相处以及慢慢了解狗狗知识后，才明白麻薯表现出来的许多行为、动作，其实都与我们自身有很大的关系。或许它正在表达心里所想，或许是想传达些什么给我们，也或许只是很单纯地因为动物本能——如果是这一点，就真的不用太计较了。

每只狗狗都有自己独特的个性，它们不能说话、只会汪汪叫，因此便发展出许多细微的表现，而这些表现要靠我们平日的观察与关心去理解，才不会让彼此的误会越来越大，关系变得剑拔弩张。

尿尿

狗狗尿尿除了排泄外，更重要的是划分领地，也就是动物习性中的"占地盘"。它们的尿液、粪便及脚趾间的汗腺分泌物都会有特殊气味，会被用作划分地盘范围的记号。所以它们不会一次性把尿排干净，而是这里滴一点、那里滴一点，对于用量相当珍惜。

狗狗喜欢在电线杆上尿尿，并不是对电线杆情有独钟，
而是因为先前已经有许多狗狗在这里撒过尿，
它们想用自己尿的气味加以掩盖，以示雄风！

除了占地盘的动物习性，有时候狗狗乱尿是因为生理或心理方面的问题。若发现它们在家里随地便溺，先不要动怒，观察一下，是不是有什么情况导致它们这样的呢。

☑ 它正感到害怕，想示弱，祈求原谅

有些狗狗会在害怕或是感觉受到威胁时，用尿尿来示弱，告诉对方自己是服从的、是没有危害的。比较胆小、曾被虐待或是从收容所带回的狗狗，常会出现这样的情况。这时候请不要斥喝，而是要让它知道：没有关系，不要害怕，我们再试试看。训练尿尿的方式在第27页有详细介绍。

☑ 年纪大了或是疾病感染

高龄犬因为认知退化、身体机能等问题，容易尿频或无法憋尿，也可能因为疾病的原因而漏尿，如尿道感染、膀胱结石、肾病等。若家里的狗狗不是高龄犬，却又常常随地尿尿，那就要注意是不是因为生病了才无法克制。

☑ 心慌慌很焦虑

如果狗狗平常表现良好，只有当主人不在时才乱尿，那很有可能是分离焦虑的关系。主人长时间在外上班，狗狗单独留在家里会感觉孤独、紧张、焦虑，这种难熬的情绪压力，可能会用乱尿来释放。另外，陌生环境或突如其来的声响如隔壁人家施工等也有可能会让狗狗乱尿。

制止它们乱尿的办法

狗狗是动物，就像2岁的小孩，它们当然不知道世界上有马桶这种装尿的东西。不要让它们的不懂伤害你们之间的感情，甚至把关系弄得紧紧张张。多一点耐心，只要反复训练，狗狗长大之后，通常就会遵循一定的尿尿规则。

1. 先找出原因，再对症下药

先观察是哪种原因让狗狗乱尿，比如既不是高龄犬又没有分离焦虑，也不是一只胆小的狗狗，那可能就要怀疑是不是身体出问题，赶紧带它去宠物医院做详细检查。

2. 当场制止

狗狗的瞬间记忆很短，如果回家后发现尿渍才责骂，它会一头雾水不知道你为什么生气。把握当下，一看见狗狗乱尿就马上制止，这样效果最好。不过为了不伤害彼此感情，我不是用责骂的方式，而是在麻薯乱尿的时候，用力敲一下桌面，发出让它吓一跳的声响，它就会把"尿尿＝砰！＝哎哟好可怕"做连接，下次就不敢乱来。

3. 用奖励代替处罚

在这本书中我会一直提到"用奖励代替处罚"这件事，因为放在狗狗身上真的太好用了。比起拥有是非观念的人类，狗狗没有那么复杂的思维，只要在它做对事情时给它一点鼓励或好处，它就会永远记得这个连接。尿尿的训练也是，它在对的地方尿尿就马上鼓励它，几次之后，它自然而然就会到你指定的地方尿尿了。

虽然尿尿也是狗狗做记号的武器，但它们还是跟人一样，过一段时间就必须排泄。习惯外出才尿尿的狗狗，只能在主人带它出门散步时解决，所以，不要让狗狗憋尿憋得太久，不然除了可能在家里就地解决外，也会对身体健康有影响。狗狗尿尿的间隔可以参考下表。

刚满月幼犬	每小时尿一次
六个月内幼犬	约 2 小时尿一次
六个月以上成犬	可憋尿 6 ～ 8 小时
高龄犬或生病犬	可憋尿 4 ～ 5 小时

✦ 翻肚子

狗狗的动作跟姿势千奇百怪，其中露肚皮应该是最讨人喜欢的姿势。炎炎夏日，有些狗狗在睡觉时喜欢像人一样躺着露出肚皮，因为这样舒服又凉快。不过，除了睡觉时露肚皮，有时狗狗忽然一个转身、躺下露出肚子，又是为什么呢？

- 肚子是狗狗最脆弱的地方，平时不会随便让它见光，但若遇到值得它信任或感觉很安全的人，就会露出肚皮跟对方撒娇。若是哪天你的狗狗忽然躺下露肚子，赶快摸摸它，这说明它全心全意地把自己交给你啰。

- 有时候狗狗做错事或是被人责骂，也会忽然躺下，用肚子向你求饶。这时要先稳住原本生气的气势告诫几句，然后才摸摸它的肚子表示原谅，这样才不会让它觉得一翻出肚子就能船过水无痕。

- 如果常常露出肚皮让你摸摸的狗狗忽然不做这个动作了，就要观察是不是肚子正不舒服或是脊椎有问题。麻薯生病后期瘦得皮包骨，就无法再躺下让我摸肚子了。

- 如果陌生狗狗对你露肚子，先不要急着摸它，因为这可能是它对陌生人迟疑、警戒的动作，表示：我先示弱，你不要对我怎样喔，如果你攻击我，我一个弹跳就能咬你。

- 狗狗之间玩耍时，比较弱势的一方也会躺下露出肚子，表示屈服或迎合。

✗ 睡眠

你为什么整天一直睡

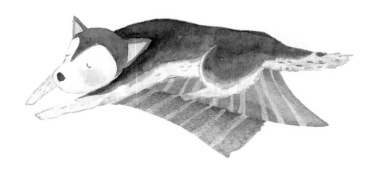

上班一整天，好不容易晚上可以补觉，可是家里狗狗却精神超好、扰人清梦；放假了想跟狗狗在家玩一整天，可是大白天的，它却一直一直睡觉。狗狗的睡眠跟我们人不一样，拥有狩猎基因的它们，大部分习惯晚上活动、白天休息，且睡眠时间不固定、不连续。

- 狗狗睡觉没有固定时间，而是断断续续地睡。比较集中的深睡时间会落在中午左右及凌晨2~3点。

- 成犬一天的睡眠时间需要12~15个小时，幼犬、生病犬及高龄犬会睡得更多，有时一天20个小时都在睡觉休息。所以请不要以为它们太懒惰而常常把它们叫起来活动，长期无法得到充足的睡眠会对它们的健康有影响。

- 闷热的夏天会让狗狗一整天昏昏欲睡，进入秋冬后精神则比较好。

- 狗狗熟睡时身体姿势会很放松，手脚微微抽动，发出梦呓般的声音，这时候不要忽然去触碰它们，因为受到惊吓的狗狗很可能靠直觉反应就往你身上咬一口。若需要叫醒它们，可以先试着发出声响或叫叫它的名字，让它先清醒清醒。

- 如果不希望狗狗在三更半夜扰人清梦，可以在白天时利用运动、游戏让它多消耗体力，这样晚上就会乖乖入睡了。

✕ 咬人

汪！我也是
有底线的啊

很多人不敢亲近狗狗，就是怕被那一口利牙咬到。被咬的人无辜，但是咬人的狗狗其实也总是很冤枉。狗狗的品种虽然会影响其凶恶度——比如大家都公认獒犬、杜宾的战斗力很强，但绝大部分狗狗是不会随便咬人的，除非我们触碰了它们的底线。

有一些错误的观念，我们需要先纠正

☑ 有绝对不会咬人的狗狗品种

有些品种的狗狗的确比较懂事、温驯，但是狗狗毕竟是动物，基因里还是有许多动物的野性本能，不管是大型犬或小型犬、从小养或半途养、品种犬还是米克斯，都有可能咬伤人，最重要的是，我们要先想想是不是自己的问题，才导致它们张口咬人。

☑ 狗狗平常很温驯，不会咬人

狗狗对自己认定的主人很忠心也很依赖，如果不是什么天大的事，它们不会咬自己的主人。但我们不能因此就以为自己的狗狗失去咬人能力。若是遇上陌生人，或是让它没有安全感的人或事物，为了保护自己，还是有可能会出现攻击的行为。

麻薯每次不小心咬人之后，
都会觉得既抱歉又内疚，
没关系，我还是很爱你啦！

Sorry……

狗狗为什么咬人

1. 狗狗其实很恐惧

狗狗对人类还是带有畏惧的，尤其是曾受过虐待的狗狗，很少得到人们关怀的它们，自我保护的防卫心自然很强，若有让它感到威胁的事物，就会本能地反扑。遇见这样的狗狗，慢慢地静静走过就好，不要故意挑衅，不然，被咬了只能说是自己活该。

2. 受到惊吓

黑麻薯黑黑一团的，又很喜欢在没有开灯的门口睡觉，我曾经在它睡觉时不小心踩到它尾巴，于是，我的小腿被咬了一口！非~常~痛！突如其来的惊吓会让狗狗反射性攻击，它们不是故意的，反射性快速动作，它们自己来不及思考。所以，若是这一类的攻击，它们事后都会非常愧疚。

3. 占有欲

狗狗拥有的东西不多，所以对自己能拥有的一点事物，会生出很强的占有欲，比如它的小狗窝、正咬着的骨头、它的领地范围（家）等。这些都会激起它们的保护意识，进而攻击，所以要记住以下几点。

- 狗狗吃东西时，不管你跟它有多熟，都不要摸它，这很重要。
- 狗狗窝在自己的角落时，比如桌子底下、纸箱里面，不要把手伸进去。
- 到陌生的地方，若狗狗开始吠叫，请赶快离开。它的吠叫是第一步，你再不走，它就会开始进行第二步——攻击。
- 请远离正在照顾狗宝宝的狗妈妈，为了保护孩子，它的战斗力会全面提升。

4. 发情期

1年2次的发情期，狗狗会躁动不安、容易伤人，尽量不要去惹这个时期的狗狗。

✦ 咬这咬那

弄懂了狗狗咬人的原因后，另一个让人头痛的问题就是咬东西了。狗狗真的很爱咬东西，沙发、桌脚、电线、拖鞋，无所不咬。有一次，我回家后看见一整叠待兑奖发票被咬得烂烂的、天女散花一般散落家里各处，忍着把小小欧揍扁的冲动清理了老半天，我都不敢想里面到底有没有中奖发票——结果当晚睡觉梦到自己中头奖。但咬东西是狗狗的天性，在被人类豢养前，它们要追捕猎物才能生存，保持一口强健有力的牙是生存的基本条件。现在没有猎物可以追捕，家就成为它们磨牙的战场。

狗狗为什么咬东西

☑ 幼犬长牙

狗狗4～6个月大时，会开始换牙。换牙时口腔会很痒、很不舒服，它们就会开始找东西来磨牙止痒。这个时期真的什么都咬，就连遗落在地板上的橡皮筋，也能咬得津津有味。所以，家里东西一定要收好，家具底部记得包好。过了这个时期后，狗狗就不太会乱咬东西了。

☑ 好无聊，打发时间

主人不在家时，独自在家的狗狗很无聊，咬咬东西来打发时间是很好的娱乐。

☑ 焦虑

狗狗也会利用咬东西来释放压力，若家里的狗狗没来由地忽然乱咬东西，可以想想是不是最近有什么事让它感到焦虑，比如太久没有出去运动，或是家里来了其他宠物让它感到备受冷落。

☑ 想念你

有时候狗狗乱咬家里东西是它爱你的表现。
因为那个物件上面有你的气味，你不在时，因为想念，就咬咬那东西来取代跟你玩乐的满足感。所以，再看见狗狗正在咬你的衣服或鞋子，是不是该感到欣慰呢。

怎么避免狗狗乱咬东西

1. 避免它的失落

如果狗狗是因为无聊或是寂寞、焦虑才乱咬东西，那主人多一点陪伴跟关心就变得很重要了。在家时，多跟它互动、说说话，纵使它听不懂也能感觉到你对它的重视；离开家时，留一些可以让它打发时间的玩具、咬绳，最好上面沾染了你的气味，就能避免它破坏家里的物品。

2. 发泄它的精力

除了多陪伴它，也可以多带它出门散步、运动，狗狗外出时的警戒、撒尿占地跟四处嗅闻，都能消耗不少精力。如果可以，再加上跑步或是你丢我捡这种大活动量的游戏，那狗狗回家后就只会想要好好休息，身心都得到满足后，就不会再乱咬东西啰。

黑麻薯虽然很有个性又总是行动优雅，
但有时候也非常调皮！

它很喜欢这里抓抓、那里咬咬，
常常趁人不注意就偷偷把袜子叼进它的小窝里，
不然就是把装东西的纸箱抓得烂烂的……

咬人这件事也是，
一开始对麻薯的个性还不熟悉时，
我也常常伤痕累累，

比如它不喜欢人家做出伸手要东西的样子，
也不喜欢窝在它自己的小窝里时被打扰，
若有人犯了这些禁忌它就会很生气！

不过，这就是它的底线吧！
了解了它的底线后就能避开冲突，
然后，它就依然是一只又帅又可爱的小黑狗啦！

4. 心情表达 How are you doing today

不会说话的狗狗，却有很丰富的肢体动作。遇到不同的情况时，它们会用尾巴、身体姿势来表达心情。我挑选几种较基本的、明显的，让大家可以多了解，狗狗做出这样的动作时，它的心情是这样的。弄懂它们的心情表达方式后，我们就更能知道如何与它们互动，当然，还有许多很细微的动作，需要大家跟自己的狗狗长时间相处后，根据自家狗狗的个性与习惯来判别。

★看看尾巴

大幅度左右摆动

当你靠近时，狗狗的尾巴如果自然地大幅度摆动，且表情轻松、笑着露出舌头，代表它心情很不错。

小幅度快速摆动

一样是左右摆动，但速度快且幅度小时，代表它正警戒着某件事，带有一些紧张与敌意，这时暂且别靠近它。

竖直不动且僵硬

尾巴向上直直不动，还伴随露牙的凶恶表情，这是它在攻击之前的警告动作，若你还挑衅它，它就要不客气了。

自然垂下

狗狗被责骂或做错事时，感到紧张不安，尾巴就会向下垂下。如果不仅垂头丧气，还时不时用眼睛偷瞄你，那就是它真正超级愧疚，快抱抱它吧！

夹紧尾巴

狗狗在受到威胁、觉得恐惧时，就会把尾巴夹在双腿之间。夹起尾巴也能阻断从肛门散发出来的气味，避免让其他狗狗知道它正在害怕。

看看身体

身体僵硬、尾巴竖起或水平

忽然听到不寻常的声响、感觉有陌生人或其他狗靠近时，狗狗会立刻站起来，身体保持不动、尾巴缓慢的下坠，然后仔细聆听、观察动静。看见狗狗这个样子，我们也应立刻保持警觉心，看看是否家里有陌生人闯入了。

身体拱起、眼睛直视某处

当威胁越来越靠近或不寻常的感觉越来越浓厚时，原本僵直的身体会将背部慢慢拱起、尾巴向下直坠。这时狗狗的警戒状态升级，若是在外遇见陌生狗狗有这样的动作，请慢慢地走开，不要跑、也不要与它正面冲突。

身体拱起、龇牙咧嘴

如果拱起身体还皱起鼻子、露出牙齿、发出低吼的呼呼声，表示狗狗已经很生气啦！如果这时让它感觉到敌意的状况没有减退或消失，那下一步就是直接向前跃出、正面攻击，此时的它战斗力破表。

屁股翘起、眼睛无辜发亮

若是压低前脚、把屁股高高翘起、眼神无辜，那是它想跟你说：我很喜欢你、跟我做朋友。若要更进一步亲近，可以蹲下来与它平视，并摸摸它的头，回馈爱意。

尾巴摆动、前脚抬起跳跃

狗狗开心兴奋时，会快速摇动尾巴，直直向你扑去，抬起前脚踢你一下再回转一圈，然后重复好几次这个动作。它想邀请你一起玩游戏时，也会有这样的表现。

躺倒露出肚皮、期待样

若你的狗狗常常躺倒用肚子向你讨摸摸，代表它对你很信任、很依赖，想用这样最没有威胁性的动作撒娇。快满足它的欲望、摸摸它的肚皮，让你们的关系越来越密切。

5. 智商 so smart

狗狗不是只会吃、只会拉、只会睡的绒毛玩具，它很聪明的！

狗狗拥有人类2～3岁阶段的智商，且经过教育、训练之后，会更聪明、更守规矩。我也发现，常常与它说话，并且花较多时间与它相处，狗狗的社会化程度会更高，更能听懂我们发出的指令，也更能理解人类的语言与面部表情。不同品种狗狗的聪明程度也不同，目前测得的狗狗最高智商，已达到人类6岁小孩的水平，很了不起吧！

怎么样可以让狗狗变得更聪明、更懂我们的心

☑ 从小训练

从狗狗还是幼犬时就开始让它习惯我们的语言与口气，比如高兴与生气时的不同语气，可以让狗狗分辨出它们是做错事了，还是做得好棒。且幼犬的性格、习惯还没发展完全，不会有"老油条"的状况，这时候进行指令训练的效果最好。但是记得一定要有耐心、慢慢来，把它当作2岁的小孩看待。太过急躁或是让狗狗觉得害怕、抗拒，反而会适得其反。

☑ 正向鼓励与奖赏

比起严厉的呵斥与打骂，具有欢乐性质的奖赏、鼓励更能让它好好学习。当狗狗做对了一件事、服从了一个指令时，奖励它一个小零食或是用高八度的娃娃音赞美它、摸摸它，它就会牢牢记住："啊！原来这样做会带来愉悦与美味"，往后就会更努力地达到目标。不过狗狗的瞬间记忆很短，所有的鼓励与奖赏最好在它完成事情之后的10秒内给予，这样的记忆连接才够强。

☑ 简短、肯定、独特的字汇

狗狗就像小宝宝，对于太复杂或太迂回的语言完全不明白，对它们下指令时，词汇要简单，比如"吃"会比"有没有饿啊？要不要过来吃饭呀？"要好。口气上要肯定，狗狗正在做坏事时马上用肯定的态度说"不行"，会比"这么坏，你觉得可以吗？"更有效，千万不要以为它懂你的暗示。大家可以跟狗狗发展出属于你们自己的语言，这个词汇只有你们懂，这样更能让狗狗只对你亲昵与服从。比如我问麻薯"大便了吗？"是用"棒棒没？"、叫它"吃点心"是用"甜甜"，仿佛是恋爱中的情侣，只说些他们自己听得懂的话。

狗狗智商小测验

经过一段时间的训练与观察后，通过几个小问题就可以知道狗狗到底聪不聪明、究竟有没有从我们辛苦的教导中学到东西。

〈请将答案后方的数字加起来〉

🦴 **狗狗听见你打开食品包装的窸窣声，会有什么反应？**
1. 一听见声音就冲过来。▶3
2. 没有反应，除非直接看见你的动作。▶1
3. 只有在饿的时候才跑过来。▶2

🦴 **正在跑的狗狗忽然被眼前的障碍物挡住会怎样？**
1. 原地不动向你求助。▶1
2. 找其他空隙或路绕过去。▶3
3. 往另一个原本不是目的地的方向跑去。▶2

🦴 **有陌生人来访时会怎样？**
1. 无论是谁、要做什么，先叫就对了。▶2
2. 找个地方躲起来。▶1
3. 先看看你对陌生人的态度再做出反应。▶3

🦴 **狗狗知道自己做错事情时会怎样？**
1. 感觉抱歉又害怕，想找地方躲起来。▶3
2. 理直气壮又得意。▶1
3. 躺下，露出肚子讨摸摸。▶2

- -

4 ~ 7 分：呆呆傻傻，不过还是好可爱。

7 ~ 10 分：比一般狗狗机灵，好棒。

10 ~ 12 分：狗才狗才，太聪明了，快抱抱它。

6. 健康状况 Are you ok

鼻子

对靠嗅觉称霸的狗狗来说，鼻子太重要了！从一个小小的鼻子状态就能推测狗狗的身体状况。正常来说，它们的鼻子应该是一直保持湿润的状态，湿湿的鼻头可以附着更多气味分子。但保持湿润并不是因为鼻子会分泌什么液体，而是狗狗靠不停舔舐鼻头来实现的。如果狗狗的鼻子干干的，那很有可能是它身体正不舒服，所以没有精力去舔舐鼻子。

狗狗的鼻子为什么干干的

☑ **刚刚睡醒**

睡觉时狗狗不会去舔自己的鼻子，所以，如果是刚睡了一觉，可能鼻子就是干的，这种情况不用太过担心。

☑ **水喝太少了**

若因活动量大但又没有补充足够水分导致脱水，也会让鼻子变得干燥。尤其是夏天，外出散步回来又待在空调房中，很容易让鼻子变干、变硬。不要因为担心狗狗乱尿尿就限制喝水，要保证水盆里随时有足量的水，让狗狗渴了就有水喝。

☑ **便秘**

便秘会引起上火，上火也会让鼻头干燥。若主人没有随时观察狗狗便便的状态，那看见干干的鼻子时也应想想狗狗最近是不是没有按时大便。

☑ **发烧、生病**

狗狗发烧时，鼻子也会干干的。把毛拨开触摸狗狗的皮肤，感觉一下是不是发烫。若持续高烧不退、食欲及活动力都差、脾气变得暴躁，那就要检查是不是生病了。

若发现狗狗鼻子红肿、流脓、流血、有裂痕等情况，那就很严重了，应赶快带到宠物医院检查，尽早治疗。另外，虽然湿润是健康状况良好的表征，但若是湿到像流鼻水一样滴滴答答，那也要排除一下狗狗是不是有呼吸道疾病了。

被毛

一身强韧且有光泽的毛不只是好看，也是一只健康狗狗应该拥有的。如果狗毛粗糙、容易断裂，有可能是以下原因。

☑ 营养不良

食物太过单一、营养不足或是太咸、太油，毛就容易暗沉或脱落。应以食物多样化及"不调味"为原则，长时间调养就可以慢慢改善。若狗狗天生皮肤状况就不好导致毛不好，也可以考虑补充一些维生素E和维生素D。

☑ 环境、生活习惯不良

脏乱的环境容易让狗狗滋生皮肤病，跳蚤、壁虱、湿疹或是体内寄生虫等都会让毛失去光泽，甚至脱落。此外，活动太少、日照不足也会影响被毛生长，常常晒太阳除了对毛好，对狗狗的骨骼健康也很有益。

☑ 太频繁洗澡

狗狗千万不能像人一样天天洗澡，太频繁洗澡会把保护皮肤的油脂洗掉，不仅毛变粗糙而且会影响狗狗抵抗力、容易得皮肤病。那么多久洗一次澡呢？在第95页会有更详细的介绍可以参考，但粗略来说，最少间隔1周较好。

为什么吃草

大家带狗狗出去散步时可能会发现，有时候它们对路边的杂草情有独钟，先是闻闻嗅嗅，然后就开始吃起来。对于狗狗吃草的行为，可以观察，但不用太紧张，长辈也都会传承"狗狗身体不舒服会自己找草来吃"这样的说法。狗狗从吃草中不会得到太多养分，但也不至于有致命的坏处，只是有些地方还需要主人注意。

狗狗为什么吃草

☑ 胃不舒服

我家有 7 只米克斯，每一只都有这样的本能。当它们吃了不干净或是不对的食物之后，先是会听见它们肚子咕噜咕噜地叫，接着就会看见它们在花园里寻寻觅觅，找草来吃。吃进去的草在胃里跟异物缠绕，不久之后会吐出来，或是跟着便便一起排出，然后就恢复正常了。过去狗狗在野外生存时也是这样来舒缓肠胃不适，它们自体修护的能力很强，吃草后，如果不是严重的呕吐就不用太过纠结。

☑ 缺乏微量元素

基于狗狗本身的机能与天性，如果身体缺乏某些营养素，它们就会寻找特定的某种草来补充。例如长时间都只吃同样食物的狗狗，外出时就会积极地寻找它需要的植物。流浪狗也会通过吃草、吃蔬菜或是水果等来充饥或补充身体需要的营养。

☑ 好奇或无聊

对啊！狗狗就是小宝宝，出门之后对于外界的所有事物都充满好奇。当它们吃下
一口草后，会被那种清脆、青涩的口感吸引，下一次出门散步时，就会吃点草来
玩。长时间待在户外的狗狗，如我家的 7 只米克斯，有大把的时间可以玩，吃点
小草就很有趣。这种打发时间的吃草，通常都会在嚼一嚼之后马上吐出来，跟肠
胃不舒服的情况不同。

如果发现自己家的狗狗吃草，不用急着严厉制止，偶尔让它任性、开心地做自己想做的
事，也能从中获得愉悦。不过在吃草的过程中，主人应注意以下几点。

- 草丛里会有许多寄生虫，狗狗吃草时会把寄生虫、虫卵一起吃下肚。所以定期打疫苗
  及驱虫就很重要。
- 外面的草不比自家院子可以亲自把关，很有可能被洒了农药、除草剂或是杀虫剂等。
  外出时应注意观察，若草丛边有死亡的昆虫、小动物，或是附近杂草都干枯死掉，那
  很有可能此前喷洒过药剂，这时就不要让狗狗逗留，赶紧离开吧！

麻薯在最后生病的那段日子里，
常常在院子里找草吃，吃完一两个小时后，
就会连同一些黄黄的黏稠液体一起吐出来，
看着它小小的身体承受痛苦，
我的心里也痛苦着……

7. 发情 It is time to

黑麻薯曾有几次搞失踪的案例，除了消失大半日的贪玩外，还有几次就是因为发情，趁大家没注意一溜烟偷跑出门，而且一跑就是两三天，急死全家人。

每年2次的发情期，也是我们与狗狗一起的生活中需要注意的一件大事。一般情况下，狗狗在7~8个月大时会进入第1次发情期，有的大型犬会延至约15个月大。这里说的发情，主要是以母狗为主，虽然公狗也会有发情的表现，但一般来说，公狗是在闻到母狗发情时从阴道散发出来的气味后，才会跟着发情。因此可以说，没有发情的母狗就不会有发情的公狗。

大家可能会疑惑，邻居或附近人家都没有养狗狗，为什么家里的公狗还是像发情一样躁动不安？别忘了狗狗的嗅觉是很厉害的，母狗发情时散发出来的诱惑味道，可以吸引方圆1公里内的公狗飞奔而去！

狗狗的发情期通常在春季（3~5月）及秋季（9~11月），但它们并不是按照日历做季节性发情，而是在第1次发情之后，每隔6~8个月发情。

怎么观察母狗的发情周期

1. 发情前期

这是发情的准备阶段，狗狗的外阴部开始肿胀，会有黏稠的鲜血滴落。狗狗因为生理变化导致不舒服，会不停地舔舐私密部。此时狗狗会表现得兴奋不安，一直想找公狗玩耍，但还不接受骑跨，这个阶段一般持续7～10天。

2. 发情中期

这是最明显可以接受公狗骑跨的时期。母狗遇到公狗时，会翘起尾巴、把臀部面向公狗主动求爱。这时狗狗已经开始排卵，散发出来的气味让公狗神魂颠倒，总会吸引周遭公狗前来聚集。这个阶段一般持续7～16天。

3. 发情后期

狗狗阴部肿胀慢慢消退，兴奋不安的心情也会安静下来，这个时期不再接受公狗骑跨了。若没有怀孕，那么之后会进入完全没有性欲的乏情期，直到下一次发情。

发情时会有什么样的表现

☑ **母狗**

除了阴部肿胀、出血的生理变化外，心情上也会开始焦躁不安，来回走动，脾气变得暴躁。此时不爱吃东西，一餐食物要分好几次才能吃完，但变得很爱喝水，因此排尿的频率也增加。

☑ **公狗**

闻到发情母狗的气味后，公狗开始浮躁不安，一天到晚按捺不住想出门。开始霸道不讲理、任性蛮横。再严重一些，狗狗就会对家里的桌脚、窗帘甚至主人的脚做出不雅的骑跨动作，宣泄高涨的情绪。黑麻薯有一床它自己的小被子，每到发情季节，那床可怜的小被子就成为它蹂躏的对象。

狗狗发情时期，一定要注意

☑ **母狗**

- 做好清洁：可以用沾过温开水的毛巾帮狗狗擦拭出血的阴部，睡垫也要随时保持干爽、洁净。这个时期容易发生子宫蓄脓，若发情期过后狗狗还是状况不佳、食欲没有提升且不停喝水，那就要特别留意。

- 小心受寒：这个时期尽可能别洗澡，可以改用毛巾擦拭，擦完尽快让毛保持干爽。给狗狗多铺一块垫子，不要让狗狗直接趴在冰凉的地板上，因为腹部容易受寒。

- 饮食调整：母狗在发情期容易有便秘的情况，可以做一些含有蔬菜的鲜食让狗狗补充膳食纤维，或是在狗粮里添加一些蔬菜，芹菜、菜花、胡萝卜等都很不错，不过要记得切得细细碎碎的才好消化。

☑ **公狗**

- 关好家门：发情期，空气中会充满母狗散发出来的致命吸引力，公狗嗅到后会拼了命地想出门。请把家里门窗关好，如果栅栏不够高，狗狗还是会想尽办法跳出去。

- 外出系绳：带狗狗出去散步时要特别留意抓好牵引绳，不然一不留神狗狗就会挣脱绳子冲向爱的怀抱。有时这一跑就是两三天，所有公狗聚集在一起求爱，幸运的话，你的狗狗会满身是伤跑回来；若不幸，那就很难找回来了。

- **性格变化：**因为焦躁不安，狗狗变得有攻击性。这个时期要小心，不要招惹公狗，可以多带它们出去活动、运动，让它们发泄精力并转移注意力，性格上就不会那么暴躁。

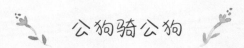

公狗骑公狗

人们有时候会发现，明明两只都是公狗，可是也出现骑跨动作。怎么会这样？黑麻薯跟小小欧都是"男生"，可是闲来无事时，两个就会玩起这样的游戏，而且乐此不疲。原来，狗狗世界里的骑跨动作不仅会出现在发情季节，也会因为其他原因而发生。

1．我比你强
狗狗的群体里有明显的等级区分，它们会用骑跨来表示自己是"老大"。已经在家里生活超过10年的黑麻薯，对于初来乍到还不满一岁的小小欧，自然就想宣示自己的地位与主权。所以可想而知，被骑跨的总是小小欧，那也是代表小小欧甘愿臣服的意思。

2．一起来玩吧
闲着没事的它们总是可以想出许多自娱自乐的方式来打发时间，有时候互相骑跨，对它们来说就只是好玩而已。不过只有在彼此熟悉的两只狗狗之间才会出现这样的动作，有些狗狗也会抱着主人骑跨，若是主人没有立刻制止，它们就会觉得超好玩~

3．我好像记得
曾经经历过发情期并且成功骑跨的狗狗，在绝育之后，这种曾经得到满足的记忆仍留在狗脑子里。如果哪天刚好有骑跨的机会，这种记忆就会涌现，让它们继续用这样的动作来实现满足感。

领养前必须知道的品种犬遗传疾病

你知道吗？

那些各式各样、或长或短、或大或小、让我们爱得要命的可爱品种犬，有
90% 都是在近百年中被人类改造培育出来的。在它们被培育出来之前，所
有狗狗的祖先都是灰狼，从早年因为人类狩猎、牧羊的需求，到后来纯粹
想要新奇、独特的与众不同，品种犬因为"需要纯度"而不停地被近亲繁
殖，于是，很多遗传疾病就这样被保留在无法逃脱的、有缺陷的身体里。

当你认识各种不同品种的狗狗时，是否也了解过它们背后隐藏着的先天
缺陷呢？那些缺陷在你与它共处的生涯中，有40%～60%的机会会遇上。
这些缺陷带来的疾病不只是感冒那么简单，有时候随之而来的病症会是
一种震撼。如果真的不幸遇上了，你有把握不离不弃地好好照顾它、陪
伴它吗？购买前（品种犬大部分需要购买）请把这些病症放在心上，如
果你不能，就别急着掏钱。

品种犬可能出现的遗传疾病

腊肠犬： 椎间盘疾病、瘫痪、行走不良。

秋田犬： 髋关节发育不良、进行性视网膜萎缩、小柳原田病（自体免疫
系统疾病）、急性胃扭转。

可卡犬： 进行性视网膜萎缩、青光眼、白内障、心脏病及癫痫。

比　熊： 心脏病、膝关节脱臼、椎间盘疾病及皮肤问题。

沙皮犬： 髋关节发育不良、软骨病、肾功能衰竭及免疫力低下。

吉娃娃：气管塌陷、传染性支气管炎、呼吸困难、眼干燥症、青光眼、膝关节脱臼、椎间盘疾病、慢性心瓣膜疾病、脑积水。

雪纳瑞：白内障、糖尿病、肾结石及心脏病。

博　美：先天性膝盖骨异位、心脏病、白内障、进行性视网膜萎缩。博美身体机能较弱，容易因为内分泌失调而出现皮肤问题。

贵　宾：先天性膝盖骨异位、遗传性视网膜退化、皮炎、外耳道发炎。

哈士奇：髋关节发育不良、幼年白内障、青光眼、遗传性视网膜退化。

柯　基：髋关节发育不良、椎间盘疾病、进行性视网膜萎缩、癫痫。

松　狮：短鼻的特点让它容易出现支气管炎、鼻喉炎等呼吸道疾病，另有髋关节发育不良、倒睫、耳发炎等。

米格鲁：隐睾症、咬合不全、先天性心脏病、癫痫。

大麦町：漂亮、优雅的大麦町有10%～12%是先天失聪，且为了培育出它们身上独有的黑色斑点，大麦町失去了代谢尿酸的能力，因而常常导致极痛苦的肾结石。

黄金猎犬：髋关节发育不良、进行性视网膜萎缩、心脏病。

拉布拉多：髋关节发育不良、进行性视网膜萎缩、白内障。

法国斗牛犬：几乎是所有品种犬中遗传疾病最多的，包括极度容易中暑、热衰竭、窒息。短鼻特点让它并发许多呼吸道疾病，如吸入性肺炎、慢性支气管炎等，这些呼吸道疾病严重时会缺氧窒息，甚至休克。其他如皮肤病、湿疹、青光眼、眼撕裂等也容易发生。

边境牧羊犬：髋关节发育不良、进行性视网膜萎缩。

狗狗 那么 健康

1. 打疫苗 Don't be afraid

2. 驱虫 Take medicine obediently

3. 健康管理 Are you getting fat

4. 日常照顾 Daily care

5. 四季照顾 Seasonal care

6. 一日活动量 Let's go running

7. 关节护理 Are you in pain

8. 绝育 Don't mess around

9. 怀孕 Having a baby

麻薯曾经离家出走，
我们找了好多天都没有找到，
后来有邻居跑来告诉我们，
他看到黑麻薯跟着一群发情的
狗狗跑来跑去，可是，
它永远都拖后腿、跟在最后面……

story：失而复得的黑麻薯

后来按照邻居的描述，我们以最快的速度前往，在离家几公里外的道路上，果然看到一群已经晕头转向又激动难耐的狗狗，一路鬼鬼祟祟、饥渴难耐地跟在一只发情的流浪母狗屁股后面。

然后，那个又想要又害怕又不敢与其他狗狗夺爱的黑麻薯，就这样亦步亦趋地跟在最后面。

哄、骗、拉，折腾一番，好不容易在天微微黑的昏暗中把黑麻薯带回家。一身又臭又脏已经是预料之中，但在预料之外，它的耳朵被撕裂了一大半！想必是夺爱过程中的惨烈代价。看着那流血的伤口，我的腿发软，瞪着眼睛追问麻薯："痛不痛？痛不痛？"但这个几天没吃没喝、饿坏了的臭小子，一点都不想回答我，只顾尽情地狼吞虎咽，然后像什么事都没发生一样，倒头呼呼大睡。

第二天一早又是哄、骗、拉，把麻薯带到它一向打死也不去的宠物医院，医生把它耳朵被撕裂的不规则边缘用剪刀剪去，再一针一针缝起来。我眯着眼斜视，一颗心跟着那针，起起伏伏、上上下下，脸部表情扭曲得比麻薯被撕裂的耳朵更扭曲。在我脸部肌肉快彻底僵硬的时候，手术在宠物医院慰劳的一只棒棒小鸡腿中大功告成。

这次突如其来的离家出走因为麻薯的耳朵让它免于一顿处罚，但戴上伊丽莎白圈还是必须的。不然伤口复原中的发痒让麻薯不停地把耳朵贴在地板上，像扫地机器人一样来回摩擦，地板擦得光亮，可是看得我一身冷汗。

自尊心顶天的它，知道脖子上的这圈白色束缚是它狗生中最大的耻辱，戴着伊丽莎白圈的那些日子，它整天无精打采、丧志消沉，不管用什么好吃的、好玩的诱惑，它都无动于衷，只斜斜睨人一眼，然后就整天躺着、动也不动，像坏掉一样。

看着那被撕掉大半的耳朵，我心想不知道什么时候才能恢复正常。想不到只过了短短一个月，那耳朵就恢复往日姿态，完全看不出曾受过那么重的伤。而麻薯也在伊丽莎白圈拿掉的那一刻，立刻重拾风采，蹦蹦跳跳地出门玩耍。

经过这一次的教训，麻薯再也没有离家出走，时间一到，乖乖回家。

1. 打疫苗 Don't be afraid

刚出生的狗狗就跟新生儿一样，需要按照疫苗接种计划来增强抵抗力、预防疾病，尤其是出生后的第1年特别重要。狗狗出生时，会从母体得到抗体，所以过早打疫苗其实没有太大意义，甚至会造成狗宝宝的身体负担。一段时间后，母体带来的抗体会慢慢消失，这时，在对的时间打对的疫苗就能有最好的防护。不过疫苗也不是打越多越好，按照各项疫苗的接种计划进行，就不会手忙脚乱。

黑麻薯一直处于崇尚自然的生活状态，当然这也跟它生长的环境有很大关系。刚出生时它在废弃军营度过，到我家之后，我也让它自由自在地在乡野间奔跑玩耍，像这样从小到大与自然为伍、心情又总是放松愉快的狗狗，尤其是米克斯，自身的免疫力其实都蛮好的。

但它们每天在外面交朋友、闻屁股，在草丛里翻身打滚，接触传染病媒介的机会相对大，我还是会有些担心。所以每年定期打疫苗就变成黑麻薯无拘无束玩耍前的安全保障。

不过，这并不是说每天宅在家里的狗狗就不用打疫苗，毕竟它们还是会有出门溜达的机会。有些宠物医生会建议根据狗狗生活的方式选择1～3年打一次疫苗，这样的支出对主人的负担不会太大，所以可记录一下接种日期，不要忘了！

超级抗拒打针的
黑麻薯

☑ 疫苗要什么时候施打呢

疫苗分为"基础疫苗"及"后续加强"疫苗。

基础疫苗：分 3 次。在没有打过疫苗前，需要连续打 3 次来增加抗体。

后续加强：每年 1 次。相当于定期进厂维修的概念，完成基础疫苗后每年打。

疫　苗	基础疫苗第 1 剂	基础疫苗第 2 剂	基础疫苗第 3 剂	后续加强疫苗
施打年龄	6 ~ 8 周时	10 ~ 12 周时	16 周时	每年 1 次

└── 中间间隔 4 周 ──┘　　　　　　　└── 第 3 剂应在
　　　　　　　　　　　　　　　　　　　狗狗 16 周以上再施打

☑ 疫苗有哪些种类

核心疫苗与非核心疫苗：

核心疫苗：针对高传染性、高致死率疾病的必须打的疫苗，例如：犬细小病毒疫苗、犬瘟病毒疫苗、犬腺病毒 2 型疫苗、狂犬病毒疫苗。

非核心疫苗：根据狗狗生活环境、生活状态选择性打的疫苗。比如常在山区田野间玩耍、又没有做壁虱预防的狗狗，就有可能感染莱姆病，应选择打相关疫苗；但在都市生活的狗狗感染莱姆病的概率微乎其微，就不需要打相关疫苗。

单价疫苗与多价疫苗：

单价疫苗：一支预防针只针对单一传染病的疫苗，比如狂犬病疫苗。

多价疫苗：我们常常听到的三合一、六合一、八合一，就是多价疫苗，只需要打一针，就能同时预防多种传染病。

多价疫苗可以根据自家狗狗生活的环境来做选择，主要有8种传染病的预防组合。

	三合一	五合一	六合一	八合一
犬瘟热	🦴	🦴	🦴	🦴
传染性肝炎	🦴	🦴	🦴	🦴
出血型钩端螺旋体症				🦴
传染性支气管炎		🦴	🦴	🦴
黄疸型钩端螺旋体症				🦴
犬小病毒肠炎	🦴	🦴	🦴	🦴
副流行性感冒		🦴	🦴	🦴
犬冠状病毒肠炎			🦴	🦴

☑ 疫苗接种前应注意

- 刚带回家的幼犬，先让它适应环境，暂时不要洗澡，以避免免疫力下降，免疫力下降的情况下不适合打疫苗。
- 跟人一样，打疫苗前要先确认自己的身体是处于健康状态，所以可先让宠物医生检查狗狗是否有发烧、腹泻等生病迹象，确定无恙再打。

☑ 疫苗接种后要注意的几点

- 打完疫苗的1～2周内，不要给狗狗洗澡，也不要进行太激烈的活动，这时候的防护力较弱，容易生病。如果刚好在寒冷的冬天，要记得帮狗狗做好保暖。
- 狗狗打疫苗2～3周后才会产生完全的抗体，这段时间尽量待在家里休息。
- 有些狗狗对疫苗会产生过敏现象，如流鼻水、发烧、活动力下降及食欲不振等，若迟迟没有复原或是每况愈下，请快回医院做检查。
- 如果是刚领养回来的非幼犬狗狗，又不确定它以前有没有打过疫苗，可以咨询宠物医生，讨论后续疫苗接种的计划。
- 疫苗接种的时间是一个范围而不是特定的时间点，所以若是刚好遇上狗狗不舒服的情况，延后几周再去打也没有关系，不用太过焦虑。

2. 驱虫
Take medicine obediently

疫苗是针对传染病的预防；驱虫是针对寄生虫的治疗或防范。其实，比起传染病，寄生虫的骚扰比较让我头痛。每天在外"交际"的黑麻薯，只要其他狗狗身上有壁虱或跳蚤，在彼此嗅嗅、闻闻的过程，壁虱、跳蚤就会直接"跳槽"过来。还有草地里的寄生虫、蚊子传播的心丝虫，这些麻薯每天生活的环境中都有高风险来源。所以我会用一个笔记本来记录何时应该驱虫。对喔，并不是定期给一颗药就能解决，针对不同的寄生虫会有不同的驱虫方式，还没感染及已经感染也会有不一样的措施。

但不用担心太复杂，我固定使用的方式有3种，只要不是太过极端的寄生虫问题，正常情况下我会这么施行，防护措施对我家的狗狗就已足够，在本章节最后会与大家分享，现在先来说说关于驱虫这件事。

常见的寄生虫有哪些

☑ **体外寄生虫**　　　　　　　☑ **体内寄生虫**

壁虱、跳蚤、毛囊虫、疥虫　　蛔虫、蛲虫、绦虫、心丝虫

驱虫可参考三种方式，但不管是哪种方式，都要根据狗狗的体重、体型来挑选剂量。

✻口服药

口服药大部分是驱逐体内寄生虫，如绦虫、蛔虫等。有的是1颗小小的普通药丸、有的是将药的成分加入碎肉里做成如牛肉块样的食物。也有一些标榜只要1颗药就能驱逐体内、体外寄生虫。要注意的是，纵使标榜只要吃1颗就能全部搞定的药，仍有可能无法达到全效防护——大部分对心丝虫没有预防效果。看清楚口服药的说明书，才能知道缺了哪些保护，如果缺少预防心丝虫的药效，那就要再额外购买预防心丝虫的药。

☑ 维持效期

大部分口服药是以1个月服1次为基准，有些药厂设计出3个月吃1次的口服药。我曾询问过宠物医生，能维持3个月的药，对狗狗来说不会负担太重吗？医生告诉我："以国外已经使用多年的经验来看，还没有伤害狗狗身体的案例。最主要还是要根据自家狗狗的身体状况来酌情用药。"这段话也供大家参考。以我自己来说，我偏向于约2个月给麻薯吃一次效期1个月的口服药做预防。你也能根据狗狗的状况询问宠物医生的意见。

☑ 喂食方式

- 喂口服药时，最好搭配味道较重的鲜食或罐头，可以掩盖狗狗不喜欢的药味。把药剥成几瓣或是捣成粉末混入食物中，狗狗不知不觉就吃完了。
- 或者把药塞进肉块里面，狗狗看见肉块，一兴奋就一口把塞了药的肉吞下肚。
- 如果狗狗非常温驯又听话，有些人会直接把药丸放进狗狗口中靠近舌根的地方让它自己吞下去，但这样的方法应搭配饮用水，以免黏附食道，造成伤害。
- 狗狗1个月大以前避免用药会比较保险，生病感冒时也应斟酌停止吃驱虫药。
- 药物不要混搭，服用2种不同效果的药时，应相隔1个星期。

驱逐体内寄生虫的药，还是要视狗狗的生活状态来做决定，比如住在城市且出门溜达时都会牵绳、不会乱蹭脏地板或乱吃东西的狗狗，感染绦虫、蛔虫的概率就很低，但仍有可能被蚊子叮咬，那么或许只需要考虑喂预防心丝虫的药就可以。

☆ 滴剂

滴剂药主要是针对体外寄生虫，分为"预防趋避"及"抑制治疗"两种。预防趋避的滴剂，是在还没有感染寄生虫时滴在狗狗身上，能让跳蚤、壁虱不敢靠近；而抑制治疗类滴剂则是在狗狗身上已经有寄生虫时滴，能杀死跳蚤、壁虱并抑制它们的虫卵孵化。滴剂大部分没有防蚊效果，不过仍依各药厂的药效而定，同样要看清楚说明书上的治疗效果喔。

☑ 维持效期

与口服药相同，以1个月滴1次为基准，但有些滴剂的抑制有效期可以长达3个月，所以我自己的做法是，夏天虽是跳蚤、壁虱繁殖的旺季，但虫卵孵化也需要周期，所以差不多1～2个月滴1次；冬天虽然跳蚤、壁虱比较少，但南方的冬天其实也满热的，偶尔还是会有它们的踪迹，我就会在发现它们踪迹时才点药。

☑ 点药方式

- 滴剂是靠皮脂腺将药剂分布到全身体表，使用前2天不要洗澡，让狗狗身上的油脂丰富一些，药剂分布的效果会比较好。
- 使用后48小时内避免碰水。
- 狗狗在8周以前不要使用，生病时也暂停点药。
- 避免狗狗舔食，药剂请滴在狗狗颈部上方：将毛拨开后，沿着颈部到脊椎前半部一点一点长条状滴上去，不要全滴在同一个地方，以免造成狗狗皮肤不适。

点在这里，

记得把毛拨开，

不然点在毛上，一点效果也没有

✡ 项圈

常出门玩耍的狗狗可以佩戴防蚤项圈来预防体外寄生虫。防蚤项圈并不是只防跳蚤，大部分还有防壁虱、蚊子的功效。分为药物式项圈及气味式项圈。

☑ 维持效期

气味式项圈，在气味消散前有4～5个月作用期，但如果遇到常下雨的潮湿季节，那作用期会缩短。虽然项圈的使用说明是可以长期配戴，但有些项圈散发出来的味道其实满重的，我很不喜欢。我在想，如果连人都觉得味道重，那嗅觉很强的狗狗会不会觉得不舒服？所以麻薯平时在家里时，我就会帮它解下来。

☑ 佩戴方式

- 在戴颈圈的位置再环挂上去就可以。
- 有些防蚤项圈用的是药剂粉末，那么洗澡时就要拆下来，不然粉末洗掉后就没有效果了；若是将药剂与项圈直接做成一体成形的商品就无需担心碰水。
- 有些宠物医生建议药物式项圈要长期配戴，这部分大家可以根据自家狗狗对项圈的适应状况斟酌佩戴时间。

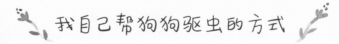

我自己帮狗狗驱虫的方式

1. 心丝虫口服药：

心丝虫药通常都还有预防感染蛔虫、钩虫的效果。每2个月服用1次。按使用说明用药。

2. 跳蚤、壁虱滴剂：

夏天时1～2个月滴1次；冬天在发现跳蚤、壁虱时才滴药。按使用说明用药。

3. 防蚤项圈：

外出时才佩戴。

以上是我对自家狗狗的做法，大家可以参考，最重要的还是应根据自家狗狗的生活习惯做调整。

3. 健康管理
Are you getting fat

✗ 体形

虽然不同品种狗狗会因肌肉含量的不同而影响体型，但从体形和日常作息情况，也能推测出狗狗的身体健康状况。最重要的是，维持良好的体形与体重，是健康的入门指标。

可以从俯视及侧面两个方向来观察

太瘦了

俯视时，线条从胸部开始直接斜向臀部，体形太细太扁；侧面的腰部线条也过细。如果用手触摸胸口时能摸到一条条的肋骨，那就真的太瘦了。

理想体形

从上往下看，臀部前方微微有一点的腰身；侧面的腰线弧度平缓收起。用手触摸狗狗腹部靠近前胸位置，会有一点点薄薄、软软的脂肪层并能摸到胸骨。这身材太完美啦！

太胖啦

不论是俯视还是从侧面看，都没有腰部线条，甚至向外扩张。侧面可以看到肚子不是正常的向上收起，而是像大肚腩一样往下坠，这样的健康状况很让人担心喔。

狗狗为什么一直消瘦

☑ 营养不足

检查每天给狗狗的食物分量是不是不够？如果足够，那是不是能吃的狗粮或是罐头品质不佳？可以考虑慢慢换成有营养的鲜食或提供营养补充品。

☑ 运动量不够

运动、活动量不够时，若刚好又遇上炎炎夏日，狗狗的胃口就会变得很差，新陈代谢也会下降，直接影响便反映在体重与身形上。多带狗狗出去散步或跟它玩游戏，吸引它起身活动筋骨，不吃东西的状况就会慢慢改善。

☑ 寄生虫

若没有定期帮狗狗用药驱虫，若它身体里有寄生虫作怪，那吃再多也会渐渐消瘦。

☑ 身体疾病

牙周病、口腔发炎会让狗狗不想进食，因为一吃东西就疼痛，这时口腔护理就很重要，可换成流质食物让狗狗补充营养。暂时性的肠胃道、消化系统毛病会导致无法吸收营养或是腹泻，这样的情形若没有好转迹象应尽快让宠物医生详细检查。

狗狗太胖怎么办

☑ 减少热量摄取

这里说的是"热量"，不是"食物量"。如果狗狗吃的食物量都正常，那请检查是不是给它吃了太多零食或是高脂肪的食物。把这些导致肥胖的因素都去掉，但提供足够分量的饮食给狗狗，才不会让它们因为没有得到满足感而吃下太多东西。

☑ 增加有饱足感的低脂食物

选择脂肪量少的肉类，如鸡胸肉、鱼肉，也可以在食物中加入燕麦、南瓜、胡萝卜、蛋这类水溶性膳食纤维及优质蛋白质来增加狗狗的饱足感，让它不会整天想吃东西。

☑ 多动动

狗狗跟人一样，活动不够时基础代谢率就会下降，然后身体就会慢慢吹气球般胖起来。利用一些好玩的游戏来刺激其想起来的欲望。游戏方式可以看看第144页里我与麻薯的嬉戏，如果适合你家狗狗，就快试试看。

喝水量

在健康管理中，水分也是很重要的一环。我们可能很注重狗狗吃下肚的食物，但往往会忽略喝水这件事。你有想过自己的狗狗一天究竟喝多少水吗？水分在动物生命中是很重要的物质，体温调节、废物排除、新陈代谢、血液循环、母乳分泌……生命中的一举一动都需要水分，我们可以两天不吃东西，但无法两天不喝水。一只正常的狗狗在本能促使下，都会喝足每天需要的水分。但有时受到天气、环境、疾病的影响，狗狗这项本能会变得迟钝。黑麻薯一直很爱喝水，到后来生病无法进食那段时间，还会自己主动去找喝水，这算是在担忧之下，还能让我欣慰的地方。

要喝多少水才够呢

50~60毫升/千克

狗狗每天需要喝自己体重千克数×50~60毫升的水分。在这个范围内，根据狗狗活动量、身体状况和季节气候来调整。例如体重20千克的狗狗，一天要摄取1000~1200毫升的水分。

接下来，我们要检查狗狗水分究竟摄取足不足

☑ **肩颈部皮肤检查**

还记得驱虫章节中，滴剂点药的位置吗？就是那里。轻轻拉起那里的皮肤然后放手，正常情况是皮肤会立刻归位，若是恢复得缓慢，那就是缺水。

☑ **观察便便与尿尿**

如果便便干干的、拉出来后形状有裂痕或是一颗一颗像石头一样，且尿尿颜色呈现深黄色或混浊，那表示你的狗狗喝水太少啦！

☑️ **看看牙龈与舌头**

人缺水时会口干舌燥，狗狗也是。正常喝水的健康狗狗，牙龈及舌头应该
是湿湿且红润的，如果呈现灰白、干、黏、稠的样貌，也是缺水了。

怎么让狗狗多喝水

1. 有随时都能喝到的水

不要吃完饭才装水给狗狗喝。应准备一个水盆，保证里面随时有充足水分，这样狗狗
一渴就能喝到水。外出时也是，带一瓶水给它随时补水。

2. 引导奖励

吃饭前先引导狗狗喝水，喝了水才吃饭，几次之后，它就会形成喝水＝有饭吃
这样的连接。或是在狗狗喝水之后给它抱抱、鼓励、小零食，这样也能诱导狗狗
爱上喝水。

3. 食物中增加汤水

可以在狗粮中加入一些煮肉的汤水，或是用小鱼干、海带熬煮的高汤。加入这些
有浓厚香气的汤水，能促进食欲，让狗狗把水痛快地喝下肚。这也是我喜欢用的
方式，当我发现麻薯水盆的水位下降量不够时，我就会在下一餐食物中加入半碗
的汤水来平衡一下，不过加了汤水的狗粮要赶快让狗狗去吃，以免狗粮被泡得软
烂后狗狗不爱吃。

4. 针筒辅助

针筒出场就是万不得已的情况了。若上述方法都不能让狗狗喝水，尤其是生病
的狗狗，那就只能用针筒灌水。这里说的针筒是没有针的针筒喔！到药店就
能买到无针针筒。用针筒灌水时一定要温柔地安抚狗狗，不要没有耐心地
粗暴对待，不然会让狗狗更厌恶喝水。

黑麻薯有一段时间很爱偷偷去喝马桶里的水，我是看见马桶上面
竟然有狗脚印后才发现的。从此以后，我们上完厕所一定会盖上
马桶盖，防止马桶水"小偷"又偷偷出动。

4. 日常照顾 Daily care

日常的护理，其实就是我们平常一直在做的生活琐事，如剪趾甲、洗澡、清洁耳朵、刷牙等。这些我们不用特别经过大脑运算就能随手完成的日常小事，对狗狗来说却是头疼的难事。如果狗狗温顺如小小欧，那执行起来倒也轻松，但若个性孤傲如黑麻薯，每件事我们都会做得万分痛苦，可是有些护理不做也不行，也不想为一点小事总往宠物店送。斗智或斗志，是我们身而为人的"狗奴"，要花心思去完成的。

拿洗澡这件事来说，抓黑麻薯去洗澡是一件必须精心策划的大事。

在它面前，绝对不能说出"洗澡""洗""水""冲"这些关键词，智慧过狗的它一旦听到这些让它警戒的词汇，立马转身躲进车子底下，然后这一整天不管用什么方法都无法让它从车底下出来，洗澡这件事也就只能不了了之。

好的，有经验后，要帮它洗澡前我们再也不说这些关键词，只是先默默地备好毛巾、发乳跟澡盆，接着静静地拿出牵引绳准备让它就范。没想到东西都准备好后，它又在车子底下！什么？只做不说也不行？

好的，不能听不能看，下一次我们什么也不说、什么也不做，直接拿出牵引绳哄它过来，但我的迫切心情，让语气跟心跳都非常态，而黑麻薯就这样感应到了！在离牵引绳只差一点点的时候，或许是我的眉毛一挑、眼神一闪、心口一蹭，它闻嗅到了浓浓的心怀不轨之味，就这样转身又躲到车子底下。世界上最远的距离，就是你在我面前，我却碰触不到你……

好的，我们不说、我们不做，亦心无欲望。一家人换衣服、穿鞋子、戴帽子、背背包，心情轻松、态度从容、神情愉悦，一个接一个鱼贯出门，最后在马路边呼唤麻薯"出去玩啰～"，然后在它跳出大门的那一刹那，一个关门、一个拿绳、其他人如警探追捕通缉犯那样即刻上前包围，接着急速铐上手铐，噢不，是系上牵引绳。

我们，终于，获得最终胜利，了……吗？
不，从马路到洗澡处的那最后"一公里"，又拉、又哄、又骗，我们走了天长地久。

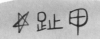

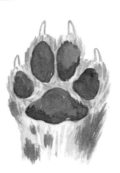

帮狗狗剪趾甲是一件很小但又很大的事情。对人来说易如反掌的剪指甲，对狗狗来说却是很讨厌的事，因为爪子是它们不喜欢被碰触的部位。常常在户外跑步、挖洞的大自然狗狗如黑麻薯，就不太需要为这件事费心，因为它的趾甲会因为抓地等摩擦自然被磨短。但现在的狗狗大部分都待在家里，长长的趾甲不仅会抓伤人、抓坏家具，也会让狗狗行走不便、关节变形，影响很大，所以定期修剪非常重要。

狗狗的趾甲不是剪得越短越好，趾甲里面红红的区域是血线，剪到血线不仅会痛、还会流血。但若不剪，血线就会越来越长，到时候就更没办法剪趾甲了。

- 平时多跟狗狗"握手"，时不时碰一下它的脚、爪子，让它渐渐习惯这样的触碰，久而久之就不会对剪趾甲这件事那么反感。
- 剪的时候握紧狗狗的脚，快速利落地一刀剪下。如果能有人帮忙安抚狗狗最好，不然狗狗乱动很容易误伤皮肤，这样它的心理阴影就更大了。
- 麻薯跟小小欧都是黑爪子，血线得照着光线才能看得清楚，为了避免剪到血线，黑爪子的狗狗只能一点一点慢慢剪，或是分次剪（不要让剪趾甲过程持续太长时间）。

修毛

有些长毛狗狗需要定期修毛并整理，不然很容易变成纠结的拖把，如萨摩犬、蝴蝶犬、马尔济斯、牧羊犬等。不过除了长毛犬，在潮湿又闷热的夏天，很多人还是会帮狗狗剃毛。把毛剪短的确可以让它们舒服一些，也能减少寄生虫。狗狗冷却身体温度的机制，主要是利用舌头、脚掌来排除热气，所以体毛的修剪，除了严重的皮肤病或掉毛外，我觉得不是绝对必要。

修毛通常是以下三个部位

☑ **身体**

修剪身体的毛不能剪得光溜溜的，必须保留最少0.5～1厘米的长度。狗狗的毛很有作用的，可以阻挡紫外线照射、避免蚊虫叮咬，还能避免让过敏、有毒物质直接附着在皮肤上。

☑ **腹部靠近生殖器部位**

修剪这里的毛，通常是担心在狗狗尿尿时会不小心沾染到。但根据我的长期观察，这样的情况并不多见，不管是公狗抬脚或是母狗蹲低尿尿，通常技术很好，除非毛真的过长，不然不太会让尿尿直射身体。

☑ **脚底**

脚底的毛太长，除了狗狗容易滑倒外，还会影响散热。
脚底的毛是指肉球边的毛，如右图。

修剪部位

狗狗汗腺不像人那么发达，所以不需要像人一样天天洗澡。太频繁地洗澡，会把它们保护皮肤的油脂洗掉，反而让抵抗力下降、毛变粗糙。而且，若把狗狗肛门附近的腺体所散发出来的气味洗淡了，它们会找不到回家的路。洗澡的频率应根据生活环境、皮肤状况及体味强度来定，可以参考以下3种方式。

☑ 夏天、长时间外出、有跳蚤壁虱时：1～2周洗1次

夏天常常外出活动打滚的狗狗，除了体味会较重外也容易有跳蚤、壁虱，那么洗澡的频率可以高一些。但最短间隔不可以少于1星期，否则反而会对狗狗造成伤害。

☑ 冬天、较少外出、皮肤干燥且不臭时：3～4周洗1次

冬天气温低，狗狗容易感冒，如果不是太脏太臭的情况，20天左右洗1次就好。

☑ 幼犬、老年犬、生病犬、即将分娩或哺乳期的母犬：干洗或湿擦

出生未满3个月的幼犬，或是刚打完疫苗的狗狗都尽量避免洗澡。其他如抵抗力较弱的老年犬、生病犬及即将生宝宝或正在哺乳的狗狗都建议暂时不要碰水，市面上有干洗粉可以购买，但这个我没有用过，不知道效果如何。我都是用湿毛巾擦擦身体及脚脚，然后赶快用电吹风温风吹干。

怎么帮狗狗洗香香

1. 选择气温高的时间及地点

夏天我会选择中午时间在户外帮狗狗洗澡，冬天则移进不会吹到风的浴室。喜欢玩水的狗狗一般可以用自来水，若气温太低，应尽量用温水洗澡。

2. 用狗狗专用的沐浴乳或洗发精

不要用人用的沐浴乳或洗发精帮狗狗洗澡，两者的酸碱值不同。若长期用人用的产品帮狗狗洗澡，容易造成脱毛、干燥、老化。

3. 先从腹部及四肢开始冲水

不管是冷水还是温水，都先用手沾水后拍拍狗狗的腹部，让它适应水温，同时让它开始有洗澡的心理准备，然后再用水冲四肢及脚掌，之后才慢慢把水往上移到身体位置。

4. 先避开头部，从下半身开始洗

狗狗头部冲到水时会非常抗拒，一抗拒就全身扭动、一心想逃跑。所以先从下半身、屁股的地方开始洗，头部留到最后洗，会比较顺畅。

5. 小心鼻子、眼睛与耳朵

冲水时避开鼻子、眼睛、耳朵三个地方。可以用双手擦洗或毛巾擦拭，这三个地方冲到水或是沐浴乳会让狗狗极度不舒服，严重的甚至会导致发炎。

6. 沐浴乳或洗发精应彻底冲干净

没有冲干净的残留沐浴乳或洗发精，在狗狗舔舐时会被吃下肚，且可能使皮肤瘙痒。

7. 让狗狗自己甩干毛再擦干

狗狗本能性甩掉水分的能力很强，洗好后，让狗狗自己甩掉大部分的水，然后用毛巾擦干，这样可以事半功倍。

8. 用吹风机吹干毛

终于洗好了！最后用吹风机吹干毛。特别注意耳朵后侧、腹部一定要保持干燥，但不要对着耳朵里面吹风。吹风机也要与狗狗身体保持一定的距离，不要在同一个地方停留太久，以免烫伤皮肤。

刷牙

帮狗狗刷牙？听起来就觉得手指不保。在黑麻薯之前，我们养过5只狗狗，但从来没有想过帮它们刷牙这件事，一直觉得动物该有它们自己的生理机制。直到黑麻薯生命后期，发现它的牙齿因为牙菌斑长成了厚厚一层牙结石，这层牙垢不仅侵蚀它的牙齿神经、让它没办法吃硬的东西，也让它的嘴巴味道变得很差。但那个时候刷牙已经没有办法去除长年累积的牙结石了，所以现在我会定期帮小小欧刷刷牙，希望未来不要有黑麻薯那样的情况。

保持狗狗牙齿清洁的方法

☑ 到宠物医院洗牙

宠物医院也能帮狗狗洗牙，但洗牙必须全身麻醉。不管是人还是狗狗，全身麻醉都有一定的风险，所以，麻醉之前需要进行血液检查、胸腔X光及心肺系统的评估，都必须状况良好才能进行。大家还是要根据狗狗的身体状况多掛酌。

☑ 使用洁牙骨

洁牙骨的种类、款式非常多，许多号称洁牙骨但其实只是"比较硬"的零食，对洁牙没有太大效果。而且，纵使有效果，洁牙骨也只能起到辅助作用。

☑ 每天刷刷牙

最重要的还是要帮狗狗刷牙。不管是用牙刷或是洁牙布，都能在一定程度上去除牙菌斑。

怎么帮狗狗刷牙并能保住手指头

1. 不要让狗狗害怕牙刷

就像不喜欢洗澡的狗狗一看到人把桶拿出来就会逃走一样。刷牙也是，先让它"不害怕"牙刷这个物件很重要。我要帮小小欧刷牙之前，会把牙刷还有一小块零食一起拿出来，先把零食放在它面前晃啊晃、再用牙刷碰碰它的嘴边肉。这样的动作重复几次后，才让它吃零食。之后，它看见牙刷、感觉牙刷放在嘴边，就知道即将有东西吃，这样它便会喜欢上牙刷这个东西。

2. 轻轻掰开嘴边肉

不要强硬地把狗狗嘴巴掰开，应从侧边的嘴边肉开始，一次翻开一点，让狗狗习惯这个动作。之后翻开的幅度可以慢慢加大，直到能将牙刷放进去为止。牙刷放进去的方式也应用渐进式，一开始先"放进去"就好，狗狗习惯后，才开始小幅度刷动，然后慢慢增加幅度并试着去刷最里面的牙齿。

3. 牙刷与牙齿成 45°角

刷牙的目的是要刷掉牙龈与牙齿间残留的牙垢。狗狗通常会自己用舌头清洁内侧牙齿，并在喝水时把食物残渣一起清掉。所以我们的重点就放在牙齿外侧，把牙刷转向与牙齿成 45°角轻轻来回刷动。注意不要太用力，否则会刷伤牙龈喔。

4. 刷牙过程中不停赞美

狗狗对于侵入口腔的动作是很反感的，愿意让你刷牙，很大部分的原因是信任你。所以不管是刷牙前、刷牙中、刷牙后，都要不停地赞美，抱抱它、跟它说："你怎么那么棒！"

给狗狗刷牙时，是不是跟人一样，也要用牙膏呢？其实牙膏并不是第一重要，主要还是通过牙刷与牙齿之间来回摩擦的动作来去除牙垢，所以只需要清水就可以了。有些牙膏会添加一些让狗狗喜欢的味道、让狗狗喜欢上刷牙，因此牙膏视情况使用即可。

耳朵

棉花棒只能用于
清洁外耳哟

健康的狗狗耳朵，应该是干燥、粉红色、没有异味的。如果出现咖啡色的耳屎、散发臭味，且狗狗不停搔抓耳朵、甩头，那可能就有问题。有些品种的狗狗容易有耳道疾病，如垂耳的米格鲁、先天耳道结构异常的沙皮狗以及耳道中毛较多的贵宾等。这些狗狗都要特别留意耳朵的清洁与护理。

- 洗澡时一定要注意不要把水喷进狗狗耳朵里，洗完后，耳朵内外都要擦干、吹干，避免水分残留，否则容易滋生细菌，导致发炎。
- 狗狗的耳道跟人不同，所以不能用棉花棒清洁耳朵内部。翻开狗狗耳朵后，眼睛能看到的地方可以用棉花棒或是湿纸巾清洁；看不到的地方不要用棉花棒去挖，否则容易把耳垢往里推，让耳垢跑进更里面的地方。
- 耳朵内部可用洁耳液清洁。往耳道里滴几滴洁耳液，然后轻轻按摩耳根，耳朵里有水分会让狗狗本能地想甩出来，洁耳液及软化的耳垢就可以自然甩出。
- 若狗狗的耳朵很健康，没有藏污纳垢也没有异味，其实不需要特别清洁，狗狗本身会将耳垢自行排出，不用太过担心。
- 还有一种状况是耳血肿，即因为瘙痒或甩头太过激烈使耳壳里的血管破裂，血液淤积在耳壳内，导致整个肿起来。外观就像是气球一样，整个鼓鼓、软软、有点弹性且压下时狗狗会感觉疼痛。黑麻薯就曾经出现过耳血肿，动了一次从此影响帅气外貌的手术……

改变黑麻薯一生的耳血肿

那几天很不对劲，黑麻薯常常把头搁在地板上摩擦或用爪不停拨弄耳朵。一开始我们都不以为意，但后来甩头甩得没完没了，就把它哄来细细地检查。它的耳朵上毛很长，从外观上看不出明显变化，但仔细一摸，就摸到一边耳朵感觉鼓鼓的！那触感好奇怪，想再摸一把时，麻薯就龇牙咧嘴、急急跳开，后来又用了出门玩的那一招才让它乖乖就范。那感觉鼓鼓的耳朵，用食指与拇指捏住后下压，像是气球一样有弹性，与皮肤肿瘤的触感很不相同，但稍微一用力麻薯就会非常抗拒，是痛吗？

当时，我对耳血肿这个疾病一无所知，只觉得充了气的耳朵真不可思议。

原本帅帅的耳朵　　从此歪了一边

经宠物医生检查后，我才第一次听到耳血肿这个名词。医生说，小一点的血肿有机会自行恢复好转，但麻薯的血肿可能还是要动小手术。黑麻薯像是听懂了一样，哀怨地接受那多灾多难的耳朵问题。打过麻醉后，医生在麻薯内耳的耳壳上划一刀，将里面的血液、血块引流出来，最后缝合耳朵里的空腔，避免血液再次积蓄。

耳血肿的治疗很顺利，但拆线之后我高度怀疑牵错了狗！原本面容玉树临风、被毛飘逸绰约的麻薯，竟然歪了一边耳朵，一高一低、一前一后，仿佛一只全新的狗狗，amazing！

那全新的黑麻薯标记，让它在一群黑狗中总能一眼被认出，再也不怕走丢。

5. 四季照顾 Seasonal care

跟人一样，狗狗身体在不同的季节也会跟着春夏秋冬的四季流转有着不同的变化与需求，如春、秋的发情期，冬、夏的换毛与食欲变化等。面对这些细微但明显的变化，如果我们能在生活起居或是饮食料理上，跟着节令帮
狗狗做一点改变与保护，它们就能快乐、
健康地成长。

春天

渐渐回暖的春天，狗狗已经不需要像寒冷的冬天那样储备热量与脂肪，所以饮食上除了总量要慢慢减少10%～15%外，也可以多补充一些高纤低脂的新鲜食物。这个季节也是提升免疫力的好时机，有时间就给狗狗做一些鲜食并多带它们出去走走，接下来的一整年就能身体壮壮的喔。

春天，我们应多留意以下几点

☑ 发情季节

3～5月是狗狗的发情季节，这个时期不管是母狗还是公狗，都会变得焦躁不安、性格乖戾，胃口也会比较差。发情中的狗狗容易便秘，食物上可以适量地增加一些粗粮与蔬菜，饮水也要补充足够。

☑ 被毛梳理

气温回暖后，一些在冬天会长出绒毛来维持体温的品种犬如哈士奇、黄金猎犬、德国狼犬等这时会慢慢地换毛，如果不经常梳理，会引起皮肤瘙痒，还会影响体温调节。

☑ 调整免疫力、预防病毒入侵

春天万物苏醒、草木生长，正好是调整免疫力的时机。这个季节虽然没有冬天的严寒，但早晚温差大，如果是像黑麻薯这样整天都在院子里打转的狗狗，这时期就容易被病毒入侵。此时给它们的食物要尽量温和，避免油腻、生冷；烹调以蒸、煮的方式为主。食材我大多会选用以下几种。

（1）鸡肉、鱼肉：优质蛋白质可以帮助肝脏组织修复，且鸡肉与鱼肉性质温和、容易消化，很适合作为春天的主要食材。

（2）绿色蔬菜：当季的绿色蔬菜不但对我们人好、对狗狗也很好，可提升免疫力、抗氧化，帮助生病的狗狗增加自然修复能力。

夏天

气温越来越高的夏天，狗狗会跟人一样变得昏昏欲睡，一整天懒洋洋地精神不振。尤其这几年夏季气温高得吓人，一身毛又很怕热的它们会更不舒服。特别是寒带品种的狗狗，怎么在居家上给它们一个凉爽的环境就很重要。这个季节，狗狗的胃口会变得较差，体重也会稍微减轻，只要不是太离谱的消瘦，都是夏季的正常变化。

夏天，我们应多留意以下几点

☑ 避免高温外出、注意室内通风

气温太高时避免带狗狗外出活动，尤其是柏油路及人行砖道，从路面升起的热浪，会让离地面距离更近的它们很不舒服。如果已经习惯天天外出便便与运动的话，尽量选择草地或树荫下的环境，也可以调整外出时间，改为清晨或傍晚。

待在家里的时候，帮狗狗留意环境通风，避免阳光直晒。如果刚从高温的户外回来，不要马上开空调吹强冷风，不管是人还是狗，都很容易中暑的。

☑ 饮食调整

除了要多补充水分外，可以在食物中额外加一些未调味的煮肉汤水或小鱼干汤。如果狗狗的食欲很差，也可试着把食物放进冰箱稍微降一下温，会比较爽口。

☑ 小心食物中毒

夏天除了高温，湿度也高，不论是颗粒狗粮还是鲜食都很容易变质。如果狗狗食欲不佳，留下没吃完的食物，应直接收掉，以免放久了变质。若狗狗出现呕吐、腹泻、全身无力的症状，很可能是食物中毒了。

☑ 增加洗澡频率、预防寄生虫

洗澡频率可以缩短至1周1次，怕热的狗狗就算不喜欢洗澡，也能借由淋浴调节身体温度。夏天蚊蝇滋生，传染病也增加，洗澡可以预防寄生虫的感染，选择含有桉树成分的沐浴液，还能吓跑已经附体的跳蚤。

秋天

让人提不起劲又没有胃口的夏天过后，身体机能会下意识地告诉我们，可以开始多吃东西准备过冬了。狗狗也是，在这个季节它们的食欲会非常旺盛，要适当地帮它们增加活动量，以免一不注意就一身肥肉。秋天与春天都是狗狗发情、繁殖的季节，所以也可以参照春天的照顾方式来照顾狗狗。

秋天，我们应多留意以下几点

☑ 少量多餐

因为食欲变得旺盛，每天的食物总量可以增加10%～15%，若担心变胖，可以调整为少量多餐，增加狗狗吃东西的机会，满足它那无止境的口腹之欲。

☑ 适当补充油脂

很多人听到要给狗狗补充油脂就会皱起眉头，接着就想起胰腺炎。其实我也曾经很担心，所以特意跟宠物医生讨论过。狗狗并不是完全不能碰油脂，只是需要控制摄取的分量。而秋季因为季节干燥容易引发瘙痒等皮肤病，所以适当增加油脂对狗狗是不错的选择，前提是狗狗没有肠胃消化功能问题。可以每日在狗狗食物中添加半匙植物油或鱼油。若真的不想额外添加油脂，也可利用油脂含量较高的食物来应对秋日干燥，如猪肉中的梅花肉、鸡腿肉等。

☑ 增加运动量

增加运动量，除了帮助消耗增加的食物热量，还能帮狗狗在温差较大的秋天增强免疫力，到了冬天才能维持良好的身体状态。

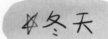

冬天

对长毛或寒带品种的狗狗来说，冬天是天堂般的享受。不过抵抗力较弱的小型犬还有短毛犬，还是会觉得寒冷。太阳出来时多带它去晒晒太阳，给怕冷的狗狗在冰凉的地板上铺毯子或软垫，让腹部不直接着地着凉。食物量与秋天一样，维持总量增加10%～15%，不用效仿人类特别进补，不然会越补越伤身。

冬天，我们应多留意以下几点

☑ 食物做好保温

冬天食物很容易凉掉，喂食前先把食物温热一下或过个热水，但不用到"滚烫"，狗狗通常都不喜欢太烫的东西。一方面适口性不佳、一方面烫到了我们也很难注意到。饮用水也是，不要让狗狗直接喝冬日冰凉的水，以免消化不良、腹泻。

☑ 补充热量

这个季节狗狗的食欲还是很旺盛，可以延续秋天的饮食总量，但不需要再额外补充油脂。冬天的活动量没那么大，太多的脂肪量容易让狗狗不知不觉胖起来。

☑ 不要懒惰，坚持外出活动

为了狗狗，再冷的天气我还是会全副武装带它出门——全副武装的是我，不是狗狗。不要因为我们自己怕冷就剥夺了狗狗一天最期待的时刻，尤其是出太阳的暖和日子，带狗狗出去走走不仅能取暖，还能让紫外线杀杀狗毛里的细菌。尤其是食物增加了，热量也增加了，更需要多点活动来消耗。我们人也是，可谓一举两得。

6. 一日活动量
Let's go running

黑麻薯一大清早会跟着我爸爸出门运动玩耍，
傍晚又会跟在我妈屁股后面一起去散步，
留在家里时，只要叼一个它钟爱的
黄色小皮球来碰碰我，
我就又会陪它玩起疯狂的你丢我捡游戏。

除了这些日常的固定活动外，
假日一家人的爬山、出游、采买、探亲，也都会带着它。

调皮好动的黑麻薯，
拥有满满的活动量及对外面世界的充分接触，
它的十五年狗生，
我想是非常快乐又幸福的！

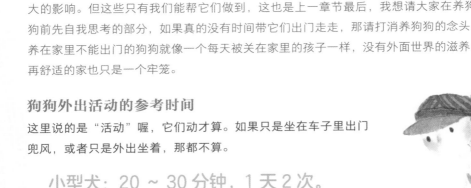

黑麻薯生活的花（菜）园约有两百多平方米，有满满的阳光与草地让它奔跑和探险。但纵使如此，它还是一直想出门，每天出门时间一到，它比打卡还准时地等在大门口，门一开，一溜烟飞奔到千里之外。

对狗狗来说，"出门"这件事的意义，不只是离开家去跑跑步、运运动而已，离开有局限的环境到外面的广阔世界去，嗅嗅新味道刺激刺激感知系统、闻闻不同狗狗的屁股坚持社会化学习，这些微不足道的、看似日常的行为，对它们的生理与心理健全有很大的影响。但这些只有我们能帮它们做到，这也是上一章节最后，我想请大家在养狗狗前先自我思考的部分，如果真的没有时间带它们出门走走，那请打消养狗狗的念头。养在家里不能出门的狗狗就像一个每天被关在家里的孩子一样，没有外面世界的滋养，再舒适的家也只是一个牢笼。

狗狗外出活动的参考时间

这里说的是"活动"喔，它们动才算。如果只是坐在车子里出门兜风，或者只是外出坐着，那都不算。

小型犬：20 ~ 30 分钟，1 天 2 次。
中大型犬：30 ~ 50 分钟，1 天 2 次。

如果没有办法一天出门2次，那就拉长一次出门的时间。
另外，也要斟酌狗狗的健康状况，如果是幼犬、
老年犬、病犬，则相应缩短外出活动的时间。

散步

出门活动不一定要剧烈奔跑、跳跃，光是温和地散散步，对狗狗健康就能有很大的帮助。尤其对幼犬、老年犬及病犬来说，它们没有充足的体力跑跑跳跳，但只要能外出走走、晒晒太阳，就能补充生命能量。

散步对狗狗的帮助：

☑ 预防失智

外出时接触到的所有人、事物都能刺激狗狗视觉、听觉与嗅觉感知。在动的过程中，不仅能活化神经系统，也能伸展身体肌肉与关节，这些让它们感到愉悦的感受，都能降低狗狗老年失智的概率。黑麻薯一直都有非常充足的活动，这也是它老年时仍能一直像个孩子一样活泼的原因吧。

☑ 社会化学习

狗狗跟我们人一样，需要外出接触新事物、不停地更新社会化机能。狗狗生活在人类的世界里，不仅通过外出时遇到的陌生人、新动物来学习社会化，而且在现代世界中，更需要让它们熟悉城市的灯火霓虹与车水马龙。当它们熟悉生活周围的万物后，就不容易大惊小怪，这样便能减少乱吠、乱咬、乱便溺的失控行为。

☑ 增加亲昵感

我见过有不少人带狗狗出门时只是例行公事地让狗狗大便，自己只顾看手里的手机，这对狗狗来说是很孤独的。放下手机，全心全意地陪着狗狗散步，时不时跟它说说话：车子来了喔、走边上一点、今天好热喔……这些没什么重大意义的闲聊，却能在不知不觉中增进你们之间的感情。相信我，越常跟你的狗狗说话，它越能理解你在说什么。如果总是抱怨你的狗不听话，那先想想问题是不是出在自己身上。

☑ 补足运动不足

比起剧烈的有氧运动，散步更利于维持肌耐力。在本书最后"狗狗那么难舍"的部分会提到，当狗狗身体机能退化或生命消逝时，会从强健的后腿开始失去功能，所以保持狗狗肌肉的健康与活力，需要每天积累，而散步就是很好的方法。

运动

对一些活动量要求较大的品种犬，温和文静的散步完全无法消耗它们的精力。如活蹦乱跳的米格鲁、整天玩不停的柯基、吃很多拉很多的拉布拉多，还有拆家破坏王哈士奇等。如果不能让它们适当消耗精力，压抑的能量会转换成无法平稳的情绪与忧郁。

怎么判断狗狗运动量不足

☑ 发胖、身材走样

吃饱睡、睡饱吃，狗狗很容易发胖，可以用第87页的图来对照检查自家狗狗是不是太胖了。过胖的狗狗行动会越来越困难，行动困难之后又会越来越不想动，这样的恶性循环很难再纠正回来。预防胜于治疗，在狗狗胖到无法行动前，快带它动一动吧。

☑ 过度兴奋、在家里搞破坏

旺盛的精力得不到发泄，狗狗就会把目标转移到家里物品上，把对外面世界的探索冒险改为在家里寻宝玩乐。每当连续下雨、无法出门的日子，黑麻薯就会特别喜欢啃咬鞋子跟纸箱，一方面发泄精力、一方面表达它的不满。

☑ 乱叫

总是没来由胡乱吠叫的狗狗，也要怀疑是不是运动不足。白天活动不够，到了晚上无法入睡，一点点声响就会让它情绪失控并乱叫。而且，若这样的情况不能得到改善，久而久之，除了吠叫，还会开始焦躁不安、失控咬人。

运动的方式除了外出奔跑，还可以带不怕水的狗狗去游泳戏水。不同的活动环境，对于喜欢新鲜事物的狗狗来说，光是忙着惊奇就能消耗许多精力。其他如玩丢球、飞盘等游戏也是很好的运动。不过要注意，如果家中狗狗原本较少活动，不要一下子就带着进行激烈运动，不仅会吓坏狗狗，也会伤害不够敏捷的关节与肌肉。

7. 关节护理 Are you in pain

许多品种犬的遗传性疾病大都发生在关节与骨骼上，但除了遗传性的原因外，狗狗的关节问题有很大一部分是由人类的无知或粗心造成的。很遗憾的是，关节疾病是不可逆的，除非进行手术或是关节置换。所以关节护理在日常生活中很重要。

退行性关节炎

退行性关节炎是指，关节与关节间减震缓冲用的软骨磨损变形或是退化，导致狗狗一活动就会感觉疼痛。这是一种慢性、长期、渐进的永久性疾病，在狗狗身上很容易发生，平均每5只狗狗中就会有1只出现关节问题。

关节炎容易发生在

☑ **年纪大的狗狗**

机体老化后，身体无法生产足够的胶原蛋白来维持软骨结构，于是关节磨损得越来越严重、越来越没有弹性。

☑ **太胖与不动的狗狗**

过重的体重增加了关节的负重与压力，因此磨损速度更快。而不喜欢活动或是活动量不足的狗狗，其肌肉、韧带会慢慢萎缩、僵硬，最后便无法正常支撑关节活动。而太胖与不动之间又有密切联系，两者皆有的狗狗，关节就更容易出问题了。

☑ 太激动的狗狗

虽然狗狗需要足够的活动量来发泄精力、维持健康，但过与不及都会造成伤害。从高处往下跳或是兴奋地攀爬站立，这些剧烈动作除了增加关节负担，也容易滑倒。动作敏捷的狗狗在快滑倒时会立即弹跳起来，这个"立即弹跳"的动作就很伤关节。所以，当狗狗太过激动时，要适度地安抚，让它缓和下来、避免激烈行为。

☑ 趾甲太长的狗狗

当狗狗的趾甲太长时，为了走路时不压迫到趾甲，它就会用奇怪的姿势行走。这个非自然的奇怪姿势，久而久之会造成关节受损，严重一点，甚至会不利于行。所以定期帮不能自行在户外磨趾甲的狗狗剪趾甲，真的很重要。

✗椎间盘疾病

椎间盘，顾名思义，就是位于脊椎骨与脊椎骨之间，貌似小盘子，负责缓冲脊椎间的压力的部分。当椎间盘退化或异常脱出，就会压迫脊椎而出现问题。有些品种犬很容易发生椎间盘疾病，如腊肠、柯基、贵宾与喜欢后肢跳立的米格鲁。在这里，我想特别跟大家说说关于后肢站立而导致椎间盘突出、脊椎受损的情况。

看着站起来走路的狗狗
大家都觉得好可爱，
可是，却不知道这时它
是多大的伤害……

不要再让
狗狗直立走路或罚站了

It's not funny

你以为的有趣，其实是伤害

在网络上常看到有人分享自家狗狗走路或是罚站的视频，我真的是看得一肚子火。这些看起来很逗趣又机灵的狗狗，其实身体正承受着极大的不舒服与压力，但因为主人或旁人的热烈鼓励与赞美，让它以为这是一件能让主人开心的事，因此不停地做出这样的行为。

为什么不能让狗狗站立

与人类脊椎的构造不同，狗狗本来就是四肢着地的动物，它们行走时，有70%的身体重量是由前肢支撑，剩下的30%才是后肢承受。当它们站起来后，全身重量超过后肢所能承受的负荷量。长期下来，不只是关节受损、脊椎也会变形，严重的还会影响行走甚至瘫痪，而这种瘫痪有时会来得没有征兆，让人措手不及，当你发现事情不对时，一切都太晚了。

长期站立的狗狗可能出现哪些问题

1. 关节磨损、关节炎

后肢长期支撑过重的重量，腿骨之间的膝关节和髋关节损耗大，容易发炎。

2. 椎间盘突出

与直立行走的人不同，狗狗的脊椎与腰椎原本需要承受的负担不大，站立后移位的重心会造成椎间盘突出。

3. 脊椎与后腿变形

如果人长期用四肢着地走路，违反自然的姿势很可能使脊椎与四肢变形，狗狗也是。严重的胸腰椎疾病还可能影响排尿功能，而当排尿出问题后，接下来出现的就会是肾脏疾病，甚至是尿毒症。

4. 瘫痪

这种让人类无聊取乐的站立姿势常造成狗狗后肢瘫痪。因为椎间盘突出压迫神经，会让狗狗无法站立。小型犬身体机能本身就比较脆弱，若是再往前影响颈椎，那很可能造成四肢瘫痪。

5. 猝死

就像上面说的，小型犬的生命能量原本就比较脆弱，它不舒服时也不会表达，那些愚蠢的赞美与鼓励让它还想继续站起来博取欢笑，若是脊椎问题伤及脑干，进而影响心脏系统，便会猝死。

大型犬没有办法站立走路，所以通常被训练的都是小型犬，尤其又以被称作泰迪的贵宾犬最多。卷卷的毛与小小的身躯，走起路来特别可爱，但这可爱背后，你不知道它有多痛。哪一天它真的瘫痪了，你能负起责任照顾它吗？所以，请停止这样盲目又无知的行为。

狗狗关节疼痛时，会有什么表现

说完了无知的狗狗站立后，继续说说关节护理。关节疼痛不像外伤一样可以被直截了当地发现，但让人或让狗都无法忍耐的关节痛，却有很明显的表征。当一只活泼好动的狗狗忽然有下列情形，就应把关节不适纳入疾病怀疑。

1．忽然不爱出门了

前面曾讲到"出门"这件事对狗狗来说有多期待。当它忽然变得不爱出门，或是出门后走几步路就停滞不前，那很可能是它的腿脚关节正在隐隐作痛。

2．身体僵硬，老是维持同样姿势

小小欧有一阵子常常肚子痛，我能发现的原因是它总是保持同样的姿势、僵硬地站在某个地方然后一动不动。狗狗身体不舒服、努力地想要修复的时候，便会暂停所有动作，更何况是一动就痛的关节问题。关节不适的狗狗，睡觉起身时动作会卡卡的且略显僵硬，起身后又常常保持某个同样的姿势。

3．步履蹒跚，甚至发抖

因为痛，走路时的摩擦会让它一瘸一拐；因为忍耐，全身就会开始发抖。

4．不停舔舐关节处

我们人肚子痛时会下意识地捂着肚子，保护它，避免它再受到刺激。同样，狗狗腿脚关节疼痛时，也会不停地舔舐关节，甚至啃咬。

5．被触摸时反应激动

有些关节炎会让关节处肿大，我们察看狗狗身体时常习惯性地摸摸，它会吓得跳开或生气咬人，这也是它疼痛时的本能反应。

6．便便或尿尿时无法蹲下

狗狗便便与母狗尿尿时，都是用两后肢蹲下的方式排泄。当关节疼痛时，这样的动作对它们来说无疑是酷刑。这个观察点是很日常的，在每天观察狗狗便便的健康状态同时，也可看看它后肢蹲下的动作是否如常。

怎么保护狗狗的关节

关节问题发生前

☑ **审视居家环境与生活状态**

- 减少跑跳楼梯、跳远跳高等太激烈的动作。若真的很难让活泼好动的狗狗冷静下来，可以尽量选择较软的草地让它活动，在家里则铺上软垫，这些都能缓冲弹跳时对关节的冲击力。
- 注意体重管理、定期修剪趾甲，这两项日常护理要到位。
- 年纪大的狗狗用餐时，帮它把碗盆、水盆稍微垫高，能让它的颈椎舒服一些。
- 检查家里的地板是不是常常让狗狗滑倒，若是，应增加防滑垫或软垫。

☑ **饮食补充营养素**

- ω-3脂肪酸能抑制炎症、维持并修复关节组织。ω-3脂肪酸易于从食物中获得，给狗狗做鲜食时，可以多选择鲑鱼、鲭鱼等鱼类，或者额外补充狗狗专用的鱼油。此外，豆腐、牛奶、南瓜子中也富含ω-3脂肪酸。
- 可挑选含有消除关节疲劳成分的蔬菜，如圆白菜、菜花这类十字花科蔬菜。我们人关节不舒服时，会有人建议我们多吃大蒜及洋葱，但洋葱对狗狗是有害食物；而大蒜必须限制它的食用量，两者都需要谨慎小心。

关节问题发生后

☑ **热敷、按摩**

- 当狗狗关节出问题后，并不是从此限制行动，适度活动仍然对身体修复有一定帮助。但为了降低疼痛感，在早上起床时、外出散步前、散步回家后这三个时间点，可用温热的毛巾或热敷袋在患处敷上20分钟左右。
- 热敷过后，可以用手指轻轻按压患处周围的肌肉——记得要避开痛处，不是直接按痛处。按摩能促进血液循环、帮助肌肉生长，有利于分担关节压力。

☑ **药物治疗或手术**

- 适量的止痛药能减轻疼痛，若已严重到影响生活起居，便要考虑外科手术治疗。

8. 绝育 Don't mess around

若没有计划让狗狗繁衍，就可以给狗狗做绝育。狗狗的绝育手术是将卵巢或睾丸整个切除，在母犬身上称为子宫卵巢摘除术，在公犬身上称为睾丸切除术。

为什么需要把整个器官摘除，而不是像人类一样截断输卵管或输精管呢？

把卵巢及睾丸整个切除，目的在于希望连"发情"这个行为都能根除。如果只截断输卵管或输精管，性激素还是会不断产生，发情季节一到，狗狗仍然会拼了命地想往外跑并且寻找对象交配。为了避免这样的风险，在狗狗身上才会采用器官摘除的方式。而且，若未将生殖器官摘除，公狗容易罹患疝气；母狗则可能容易发生子宫蓄脓。

绝育有什么好处

绝育后，也就是不会发情后，狗狗的性情便不会随着1年2次的发情周期而波动。情绪稳定了，就能减少走失、攻击、暴躁这些负面行为。而在身体健康上，也能避免许多疾病的发生。

☑️ **公狗能避免的疾病**
- 睾丸肿瘤、睾丸癌
- 前列腺相关疾病
- 隐睾症、疝气

☑️ **母狗能避免的疾病**
- 卵巢肿瘤、乳腺肿瘤
- 生殖道感染
- 子宫蓄脓

什么时候绝育

有些宠物医生会建议越早越好，但需要打完3次基础疫苗后1个月才能进行，也就是狗狗差不多5个月大左右。但有些人担心若狗狗还没有发育完全太早进行手术，整体风险会比较高，因此普遍都会等到狗狗1岁过后才进行。要注意的是，如果家中母狗狗在还没有绝育之前就已经发情，那一定要等发情期过后1个月才能进行手术。

绝育的费用

因为麻醉药用量的不同，通常绝育是根据狗狗的体重来计算；又因为手术复杂度的关系，母狗的手术费用会高于公狗。此外还有手术前的检查费用。

绝育手术前后，要注意什么

绝育手术前

☑ 检查狗狗身体状况

确定狗狗没有感冒、腹泻、食欲不振等不良状况。还可以通过血液检查来彻底检查狗狗有没有任何不适合全身麻醉手术的潜在疾病。

☑ 保持空腹

跟人类手术前相同，在一定的时间范围内是禁食禁水的，避免手术过程中胃里食物或液体逆流至气管或肺脏，引起发炎甚至窒息，禁食时间请与宠物医生确认。

☑ 可先清洁身体

因为手术后伤口不能碰水，复原期也有一段时间（7~14天），所以手术前可以先帮狗狗清洁身体。为什么说"清洁身体"而不是"洗澡"呢？手术前的健康状态很重要，尽量避免可能造成身体不适的风险。可以用湿毛巾帮它们擦擦身体与脚脚。

绝育手术后

☑ 伤口不能碰水

伤口复原是这阶段最重要的事，碰水很容易引发细菌感染。最好在复查时，让宠物医生检查并确认复原状况良好之后再洗澡。

☑ 戴上伊丽莎白圈

不要让狗狗舔舐伤口，选一个漂亮又可爱的伊丽莎白圈帮狗狗戴上吧。

☑ 避免激烈活动

即使狗狗在手术后复原能力超强，开始又蹦又跳，也要及时制止，不然太过剧烈的动作会让伤口裂开。这时期要避免外出运动、散步，减少冲撞或传染病感染。

绝育之后可能会出现的症状与行为改变

毕竟是摘除分泌激素的生殖器官，因此不管对生理或是心理，多少都会有影响。但这些影响并不绝对——也就是不一定会发生在每只狗狗身上。我列出几项可能出现的变化，大家可以当作参考但不用过度担忧。

1. 懒洋洋地爱睡觉

身体新陈代谢变慢，狗狗整天懒洋洋的，睡觉时间也比以前更长。不过这样的情况通常会随时间慢慢好转，如果主人能多带它出去游玩、用新事物刺激它，那么恢复的情况会更好。

2. 好像变胖了

在路上看到背部宽大、行动缓慢的狗狗，长辈都会说：那只一定绝育了。其实不是每只狗狗都会变胖，不过因为新陈代谢缓慢，再加上没有发情期的能量耗损，的确一不小心就会发胖。绝育之后的饮食量可以稍微减少，并尽量选择低脂食物。也可拉长带狗狗出去运动的时间与强度，双管齐下就能保持漂亮的身材了。

3. 骨骼生长异常

我们常常听到一种说法："狗狗太早绝育，就会长不大啦。"认为过早绝育会影响骨骼发育、让生长停滞。但这种说法没有具体实证，所以并不完全是对的。不过，有一些文章也有提到，绝育之后体重增加过快的确会间接影响骨骼与关节，这就是上一章节说的：体重过重与不爱动，都有可能会让关节出问题。如果真的担心影响骨骼生长，那就等狗狗一岁、发育完全之后再做绝育手术。

9. 怀孕 Having a baby

一直想要有一窝小麻薯的我们，后来因为有相关的规定，没能让黑麻薯留下后代，但我们的第3只狗狗——旺旺，却曾经莫名地大了肚子。

旺旺是许多年前我们到自行车道骑车时偶遇的浪浪。那天，假日的自行车道上有很多游客，金黄色的它却只跑来跟我们打招呼，当时正要穿越铁桥隧道的我对它说："你在这里等，如果我们骑过隧道再回来时你还在，就带你回家。"

然后，它就成为花园的一分子。

它是我们养过的狗狗中少有的母狗，因为是母狗，我们特别留意它发情期的隔离，所以从没想过它竟然会大了肚子，还是因为旁人越看越不对劲，指着它的肚子问："是不是有小狗了？"一语惊醒梦中人，盯着旺旺肚子的我们仿佛都有一种五雷轰顶的感觉："到底是谁的？"从邻居的小黄怀疑到亲戚的小黑，再从巷口的阿雄怀疑到街尾的阿勇，最后我们将目光移回当年刚长大的黑麻薯身上，没说出口的怀疑随着锐利的眼神直直向麻薯射去。

黑麻薯虽然成为疑云中顶罪的"犯狗"，但其实我们都知道它是无辜的，有些事，文艺气质的书里不好说，只能说黑麻薯就是个想要却不敢要的羞涩青少年。所以旺旺的肚子究竟是谁弄大的，至今仍然一团疑云。

3
EMBRACE LIFE CREATE LIFE
JANHSUANS
welcome
0324
50/3
40/3
TON

让我们饱受惊吓的旺旺怀孕那个久远年代，绝育的观念并不普及，常常能听到谁家的狗狗又生了一窝小狗。虽然这样的情况现在已经不常发生，但若大家有让狗狗繁衍的计划，那么关于狗狗的怀孕，我想分享一下当年的故事。狗狗整个怀孕周期约9周（63天），初期时，很难直接从视觉上发现，当"看得出来"的时候已经满一个月。不过根据一些周期上的变化与推测，还是可以预先知道你的狗狗是不是即将带来新生命。

狗狗是不是怀孕了

☑ 乳头颜色变化

怀孕2~3周，狗狗的乳头会率先给出暗示，颜色会从粉嫩的粉红色变成比较深的晕红色。乳头周边的毛在这时期会慢慢脱落，再加上乳房下垂，所以乳头会比平时显得更突出。到了第4周时，狗狗乳头会变成明显的圆球状。

☑ 呕吐、食欲不振

跟人一样，狗狗怀孕初期也会有呕吐的害喜现象，大多发生在受孕后3~4周。这时期因为呕吐的不舒服，精神会比较差，昏昏欲睡。这种状况会持续2周左右。

☑ 体型变化、频尿

在5~6周时，视觉上就能明显地看出隆起的肚子。因为前期的食欲不振，狗狗一般不会是因为吃太多而变胖，如果再加上频尿及突出且圆润的乳头，那怀孕这个事实就八九不离十了。

所以整理一下，狗狗整个的怀孕周期，一般用3个阶段来区分与护理。

第 1 阶段 01-30 天　怀孕前期。这时期对狗狗整体照护不需要做太大改变，只要留意不要剧烈运动，以免流产。

第 2 阶段 30-45 天　肚子里的宝宝开始成长了。因为胎儿的压迫，狗狗会一直想尿尿，应给它一个舒适且不需要憋尿的环境。

第 3 阶段 45-60 天　明显看出肚子隆起，后期还能感觉到胎动。这时期的狗妈妈容易肚子饿，应多给它补充有营养的食物。

狗狗怀孕时如何照顾

☑ 日常照顾

- 继续保持适当运动。不要因为狗狗怀孕了就不让它外出活动，除了剧烈运动外，每天外出散散步、晒晒太阳能促进血液循环、增加食欲，也能让分娩过程较顺利。
- 怀孕第2、3阶段不要帮狗狗洗澡。尤其是寒冷的冬天，这个时期抵抗力较弱、容易生病，且狗狗怀孕期间应避免用药，生病的话，治疗就变得棘手。
- 有些狗狗怀孕时性情会改变，有些变得平稳安静、有些变得敏感易怒，不论如何都请耐心对待它，让它以愉悦的心情迎接分娩。

☑ 饮食照顾

- 第2阶段后，胎儿会慢慢压迫狗狗胃部，应把食物改为少量多餐，每一餐的分量不要太多，避免狗狗吃后呕吐。
- 狗粮改为幼犬专用狗粮。幼犬狗粮强调蛋白质、热量与钙质，可以更好地补足狗妈妈和胎儿的营养。
- 第3阶段开始，每天另外补充优质蛋白质，如鸡胸肉、鲑鱼肉、蛋等。也可以给狗狗一些好消化的蔬菜，增加膳食纤维，帮助排便顺畅。

☑ 环境照顾

- 充分休息。狗狗怀孕时不要让它受到惊吓，给它一个安静空间，让它保持平稳的心情，在睡眠时获得高质量的休息。
- 避免直接躺在冰凉的地板上，可铺上毛巾或软垫，夏天注意通风、冬天注意保暖。
- 怀孕时会频尿，帮它准备好报纸或尿垫，让它能放心排泄，不憋尿。
- 准备一个干净、干燥、光线充足、空气流通的环境让狗狗准备生产，并放一个育儿箱，或在房间角落打造一个小窝，铺上软布，好吸收狗狗生产时流出的羊水。

狗狗孕期虽然很短，但也不能大意。跟所有的母亲一样，需要有足够的能量去孕育下一代，我们人的协助与陪伴，能够给狗狗很大的力量跟信任。好啰，狗狗终于来到分娩的那一刻了，我们的心情一定会很紧张，但不用太过焦虑，动物有自己繁衍孕育的本能，我们只需要特别注意生产过程有没有发生意外，做好能随时出发去医院的准备就可以了。

狗狗要生了

狗狗通常会在半夜或清晨生产，即将生产前有一些征兆与动作。

☑ **停止进食**

生产前一天食欲有明显改变，只吃一些它爱吃的东西或是完全停止进食。

☑ **焦躁不安、呼吸急促**

不停用前脚抓地板、身体来回转动、背部拱起。当腹部开始有用力、收缩的感觉时，狗狗已经开始阵痛了，这时呼吸会变得急促，随时都会产下宝宝。

小狗狗出来了

就像刚刚说的，动物的母性会引导它生产时的每一步，我们不需要去做任何干涉，也不要在旁边叫嚣鼓舞或抚触母狗，只要静静地陪伴与观察就好。旺旺生产时，我们给它完全独处的空间，让它随着动物自己的本能去处理所有事情，我们相信这样没有过度人工干预的回归自然，能让狗狗更放松自在。

☑ **舔舐狗宝宝**

宝宝出生时会包在一层膜里面，狗妈妈会把膜舔开、咬掉脐带，然后把膜与胎盘一起吃掉。之后狗妈妈就会不停地舔舐宝宝身上的黏液，一方面帮它保暖、一方面刺激宝宝呼吸。

☑ **分娩间隔**

狗狗是多胎生，在生完一胎后，会间隔20~40分钟再开始阵痛、准备生产下一胎。如果有很多只狗宝宝等着出生，那这个过程就会不断重复。

☑ **产后哺乳**

结束生产后4~5个小时，狗妈妈会慢慢起身去尿尿。经过活动，奶水开始分泌，狗妈妈会继续舔舐宝宝，宝宝也会凭本能靠近妈妈找奶吃。

狗妈妈生完孩子后

☑ 协助清洁

这时候你帮狗狗打造的育儿箱（或窝）应该已经又脏又湿，需要换上干净的软垫。
如果狗妈妈愿意让你触碰它，就用温湿的毛巾帮它擦擦外阴部、乳房及弄脏的身体。

☑ 少量多餐、补充营养

刚分娩完不会想吃东西，但可以给一些水、牛奶或软烂的水煮蛋。生产后24小时就
能恢复正常饮食，可继续喂幼犬专用狗粮，但记得仍然是少量多餐。

☑ 小心护犬神经质

有了宝宝后，狗狗保护幼犬的母性本能会让它变得凶巴巴且神经质。生产完
到哺乳期（约生产后45天内）这段时间不要让陌生人靠近。有些比较敏
感的狗狗甚至也不喜欢主人靠近自己与幼犬，不过这情况会在哺
乳期过后慢慢改善。

旺旺后来生了
三只小狗，
有褐色、棕色、咖啡色，
我们送养两只，
留下棕色小狗，
叫它小小旺

从尿尿便便读健康

吃得好、睡得好，肠胃健康人不老——这句话不仅能用在人身上，对狗狗来说，这简单的三件事就是天堂般的富足狗生。

尿尿与便便真的是判读狗狗健康最直接又简单的方式，正如人类刚出生的小宝宝，妈妈们也都是从排泄状况来观察宝宝们的身体问题。带黑麻薯外出运动时，它一定会把握时机尽情地尿尿与便便，而我也会趁每天的这个时候看看它的排泄状态与排泄物，可以很直接地读到它的健康状况。如果排泄物的形状与颜色都能完美、标准，我就知道，它又能快乐地度过一天。不要嫌脏，大家只要每天看一眼就好，很简单的。

我们先从尿尿看起

如果觉得狗狗排尿时喷射的速度让你眼花，也能从残留在地上或是尿垫、尿盆里的尿液来观察颜色。在正常喝水、正常排尿的健康状态下，尿液应该是透明的淡黄色。当尿液颜色变深或变浊时，不一定绝对是疾病造成，也有可能与狗狗的排尿次数、吃下的食物等有关。所以接下来我给大家参考的小便颜色（以及再接下来的大便）解读，都只是"有可能"，还需要大家综合狗狗其他生活指标来判断。

① 小便颜色解读

透明淡黄	浊浊的黄	深黄	带红的黄	黄褐色
正常的尿液，应该是透明的、带点淡黄的颜色。	若在正常的淡黄色中，有些浊浊的、不那么清澈，那么有可能是细菌感染。	除了憋尿太久之外，黑麻薯后来因肝脏问题出现黄疸症状时，尿液也是很深的黄色。	红细胞受损、严重脱水或是胆囊、肝脏疾病，可导致尿液呈现偏红的橙色。	尿液中带有血液则会呈现褐色，比如误食洋葱、香辛料等造成食物中毒。颜色若再更深偏黑，那就很严重了。

- **尿尿姿势怪异或是尿出不来**

  除了小便的颜色，当狗狗尿尿姿势卡卡的，或是有尿尿的动作却迟迟没看见尿液出来，那有可能是尿道阻塞、发炎或是肾功能异常，应赶快送它到医院检查，避免情况继续恶化。

② 大便形状解读

便秘

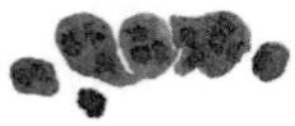

很干、很硬，大便是一颗一颗地掉出来，这是狗狗便秘啦，快给它补充水分。

形状比较完整，但有裂痕，略显干燥，是不是喝太少水呢？

圆筒形状，表面光滑无裂痕，这个大便形状很完美喔。

质感偏软，形状不那么圆，捡起来时会有明显的指印。

几乎不成形，含水程度高，也没办法用手捡起来的状态，狗狗肚子应该不舒服了。

腹泻

一摊泻下，完全没有硬质大便，快带它去医院检查是不是吃坏肚子或生病了。

有异物

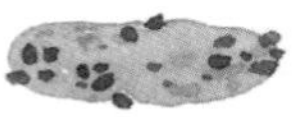

出现大便以外的东西，狗狗可能误食了无法消化的食物或不明物品。

黑麻薯小时候长牙时，什么都咬、什么都放进嘴巴。有一次看见它竟然拉出被橡皮筋缠绕的大便！还有一次是调皮地把花盆里的青椒籽偷偷吃下肚，然后拉出了一颗一颗绿色的史瑞克大便。幸好长牙过程一路有惊无险，不过这两次怪物大便真的让人想永久纪念。

③ 大便颜色解读

跟我们人一样，健康狗狗的大便从黄色、黄褐色、棕色到咖啡色都还算正常。有些太过怪异的颜色就是身体反应的警报，应注意观察一下。

太黄	偏红	暗黑	灰浊	深绿
有时，狗狗鲜食中过多的碳水化合物会让大便呈软软的黄色。如米饭、面类、豆类、水果等。	偏红或带有血丝，可能是消化道或肛门出血。急性肠胃炎也会拉出红红的大便。	上消化道出血，或是吃了太多富含铁质的食物，如红肉、肝脏等。	吃了太多骨头，大便除了呈灰浊色外，质地也会比较干，一捏就碎掉。	肠道消化不良、腹泻或酸性过高时，大便会有一种带绿的深棕色。

狗狗
那么欢乐

1. 与你更亲近 Close to you

2. 一起玩游戏 Hang out with me

3. 你不孤单 You are not along

4. 帮你放松 Take it easy

七只狗狗中，
黑麻薯是最常与我们一起出游的，
跋山涉水、购物郊游，
它都曾经参与，
接触满满新鲜事物的它，
内啡肽大爆发！
总是蹦蹦跳跳、
活力四射！

story：日日欢乐的黑麻薯

从花园小屋越过自行车道，再越过一条溪流，就能到达可以俯瞰山城的爬山步道。黑麻薯非常喜欢跟着我们一起去爬山，虽然路程很长，但它一路都不"喊"累也不要求抱抱，总是精神抖擞的，像部队里的班长一样，来回催促我们加快脚步。

一踏入登山口，黑麻薯就会秒踩油门、往山里面直直猛冲过去。我们就算变成无影脚也追不上，然后等它再回来寻人时，已经是白狗一只，全身灰头土脸。

我们很纳闷它在山里到底发生了什么事。直到有一次，我们补足能量后，绑上头巾、鼓足干劲，紧追在如旋风般的它身后，终于发现真相。

在一个地势较低的山凹的转弯处，积了厚厚一层下雨过后堆积的泥巴，泥巴在太阳直晒下，干燥得像是一池面粉。黑麻薯对这池面粉爱得疯狂，从知道要来爬山的时刻起，它就如同孩子盼望游戏场的球池一样，心心念念。一旦进山，就锁定目标，直冲这个想了很久的面粉池。只见麻薯像跳远选手一样，从池外几米处开始助跑，接着一个奋力跳跃，在最高处瞬间利落转身，用无人能阻挡的信念，如热狗裹面糊那样，在池里翻来滚去、滚来翻去，直到裹上厚厚一层泥巴灰才满意起身。山友跟我们一样目瞪口呆，在一旁看得久久不能自已。

真相大白，但动机未明。

我们只知道，回家后又要换两身衣服。先换下身上的运动服再换居家服，然后再换一身新的衣服假装出门，哄骗黑麻薯去洗澡。

1. 与你更亲近 Close to you

摸摸

狗狗非常喜欢给人摸摸，但这不是单向的情感索取。我们抚摸它时，从手掌心传递了对它的爱，同时，也从掌心接收它对我们的依赖。在这个很容易执行的动作中，我们可以轻易地与狗狗筑起坚固的情感高墙，所以有事没事对你的狗狗摸一把，绝对是让你与它更亲近的方法。不过狗狗也不是全身上下都喜欢被摸，对动物而言，有些部位是不可侵犯的敏感地带。所以，要先弄清楚哪里能摸、哪里不能摸。

狗狗喜欢被摸的地方

☑ **下巴、颈部**

摸狗狗下巴时，它可以看见我们整只手，知道我们没有拿武器并正打算做什么，所以会感觉很安心。从下巴延伸到两边的脖颈部，都是狗狗很喜欢被触摸的位置。如果是要赞许狗狗，可以改用轻拍的方式。

☑ **耳后方**

狗狗耳朵后方有很多神经，触摸这个位置有一种"马杀鸡"（按摩）的感觉，可以让狗狗整个舒缓、安静下来。希望疯狂的狗狗冷静下来时，也可以摸摸这个位置。

☑ **背脊**

从背前方顺着毛往后摸，这个顺顺的路径可以让狗狗异常满足，知道自己是被喜欢、被重视的。

☑️ **肚子**

肚子就不用多说了，之前也曾特别聊到狗狗露肚皮的习性，再往前复习一下吧！

狗狗不喜欢被摸的地方

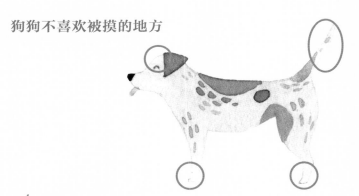

☑️ **头部**

大家一定觉得奇怪，狗狗不是最喜欢摸头吗？对彼此都熟悉的狗狗来说，头部的确是很喜欢被摸摸的地方。但头部被摸，有一种主权被冒犯与屈服的意味。对一只不熟悉或是陌生的狗，千万不要贸然去摸它的头部，警惕性较高的狗狗是会反击的。

☑️ **尾巴、脚爪**

这两处都是狗狗很敏感的部位，尾巴要保护肛门腺散发出来的气味，而脚爪则是汗腺位置，这两个地方狗狗都不喜欢被碰触到。小小欧被摸到脚爪时会像触电一样躲闪，而很有个性的黑麻薯就更别说了，为了保全我的手指头，我一点也不想摸它的爪子。

这里提到的喜欢与不喜欢，是对"大部分"的狗狗来说，但还是会有例外情况。比如麻薯就不喜欢人家摸它的下巴，原因是它不喜欢人家做出伸手要东西的样子，摸下巴会让它有那样的错觉，但它会毫不吝惜地露出肚子让我摸个够。所以，最终还是要根据自家那个老大的个性来判别抚摸的位置。

正向相处和训练

我们家第一只狗狗——狗佛仔，是在我大学时来到家里的。当时我在外地求学，对于从没跟狗狗相处过的我来说，在狗佛仔的有生之年，与它几乎仅止于相敬如宾的点头之交。那个时候曾听邻家长辈说："狗就是要打才会听话"，现在想起来，这种无知的观念真让人作呕。以前，狗狗通常是养来看门、防盗，用"打"来教导似乎成为一种陋习。但现在爱护动物的意识已深入人心，狗狗更是我们的家庭成员之一，对一个就像2岁孩子的动物，打，只不过是人类自以为是的权威行为。

"正向训练"是避免处罚与恐惧的更有效、更人道、更与狗狗亲近的相处方式，选择一个"自家狗狗喜欢"的方法来重复它的好行为，是一件人狗都开心的双赢好事。

进行正向训练前，我们要先知道

有人会问，我家狗狗只需要让我疼爱就好，我不要它当警犬、缉毒犬，为什么还要训练。所以，为了避免大家误会，我特别在训练前面加上"相处"。

我也不喜欢"特别训练"我家的狗做些什么事，衷心希望它狗生快乐就好。但实际在与狗相处的日常生活里，很多事情都需要让狗狗懂"自己家的规矩"。比如，有些人家里可以让狗狗上沙发，有些不行；有些人让狗狗跟自己一起用餐，有些人要狗狗耐心等大家吃完才能换它进食，这些都是"自己家的规矩"。

要狗狗懂规矩就需要训练，哪怕是最简单的一个坐下，也是一种训练。而最有效的训练方法，相信我（好像已经要大家相信我很多次了），绝对是正向的奖励与赞许，这就是正向训练。

正向训练的无痛、无惧，不仅能让狗狗表现更好，还能让它与你更亲近。

正向训练的基本准则

1. 避免压迫性惩罚

正向训练有很多不同的理念，有些认为不以任何方式造成狗狗生理或心理伤害才是正向训练的准则，但有些主张可以搭配负惩罚如中断训练、拿走玩具、用声音吓阻等不让狗狗身体受伤的惩罚一起进行，但需要将负惩罚降到最低限度。

我觉得，要选择哪种方式还是要看自家狗狗的个性，比如很爱撒娇的黑麻薯同时很有自己的主张，用负惩罚会让它敏感又易怒，但若使用完全正向鼓励，它就变得服软又撒娇。而小小欧与黑麻薯完全相反，脾气好、很听话，但软绵绵的，没有想法和个性，有时候也不知进退，所以就需要用一点负惩罚来对付它那软趴趴的性格。

但不论是哪一种，最基本的准则就是不能伤害它们，不管是生理或心理。如果你一气起来就疯狂大骂并乱摔东西，这样纵然没有伤害到狗狗的身体，却也已经吓坏它了，当狗狗产生心理阴影后，就会慢慢拉开与你之间的距离。

2. 明白狗狗是动物不是人

虽然狗狗是家庭的一分子，跟着我们生活起居、吃喝拉撒，但它还是动物不是人。因为是动物，它们保留着许多动物的本性（野性），所以不要太过理想化，以为做了很透彻的正向训练，狗狗就能从此品行端正。遇到某些突发状况时，还是会有问题发生。正向训练是一种长期训练，不可能马上解决问题，只能在事后慢慢地修正、引导。

而且，当我们清楚明白再怎么聪明的狗狗仍是一只动物后，对它们的很多行为就能忽略并放宽心，例如闻大便、咬东西、磨蹭脏地板等。不要强求狗狗成为温良恭俭让的人类。

3. 站在狗狗的角度来思考

在进行训练前，先从狗狗的角度出发，了解狗狗的习性、认识狗狗的独特个性和感官认知。这样说好像很笼统，其实就是这本书前半部跟大家聊的所有狗狗的事。比如它们表达开心不会拍手而是摇尾巴；它们发情不是写情书而是想办法骑跨。从狗狗的角度来看待所有问题，才能抓住训练的本质，并与狗狗建立信任关系，有良好关系后，训练过程就能够减少挫折与磨合。

当然，正向训练不是我说的那么简单，它是一门很专业、很深奥的心理学知识，也需要训练师的专业技能才能达到最好的训练效果。但一开始也说了，我们不要求狗狗出人（狗）头地，只希望它快快乐乐的，所以在这里，我们只要了解基本概念就好。

接着，试着把"正向训练"想成"正向相处"。在我们这种平凡的人狗关系中，最简单的正向相处，就是利用狗狗喜欢的东西来强化它的好行为。

正向相处时，我们可以利用的增强物

☑ 它爱的零食

因为是零食，不是正餐那种常态性可以获得的餐食，再加上是"它喜欢"的，那么这个东西的出现就能让它心里小鹿乱撞、意外惊喜。有过强烈悸动后，狗狗为了再次得到这个心动之物，就会想办法重复好的行为。

☑ 玩耍互动

狗狗一整天都很期待跟你一起玩游戏，如果在它做对一件事后，立刻跟它玩耍，即使只有3～5分钟也足以增强它的行为信心。玩耍的方式也应从狗狗的角度思考，不要邀请它玩手机或是大富翁，只要简单地用一块布玩你拉我扯或是丢丢球，对它而言就是世界上最好玩的游戏了。

☑ 赞美与奖励

对狗狗的赞美不需要精深美化的遣词造句，你说的"好乖喔""怎么那么棒""不得了啊"对它来说都是火星语，它之所以知道你在赞美它，完全是从你的语气、表情与附加动作来判断，比如用愉悦的娃娃音搭配抚摸、拍拍或是给它一个零食等动作。所以，即使你用开心的语气对它说"你很坏"，狗狗一样会开心地飞上天。

☑ 摸摸

前一部分曾说到狗狗是多么喜欢让人抚摸，所以抚摸也可以作为一种正向的增强物。但记得是要摸狗狗觉得舒服的地方喔，摸错地方就变成处罚了。这种正向增强比较适合文静的狗狗，在它一整天都又乖又稳定的状态下对它抚摸按摩，它便会在这样舒服的互动中知道这是它安静一天的奖励。

选择一个对你家狗狗最有效的增强物来进行正向相处训练，大多数情况下是食物的效果最好。但每只狗狗有不同的个性，若是遇上对食物没有什么兴趣的狗狗，那么零食这个增强物就没辙了；对一只充满畏惧和紧张的狗狗采用抚摸的方式，那只会让它吓得大小便失禁。胆小的小小欧在小时候曾被我吓得失禁，结果我清洗了老半天，懊悔不已。

所以，要选用哪一种增强方式，还是应先了解自家狗狗的个性与喜好。

在整个正向训练和相处中，我们一定会有感觉挫折或恼怒的时候。嘿，没有那么严重，放慢脚步、放宽心情，用轻松的态度来看待，不需要太过严肃。想想我们的初衷，也只是希望狗狗快乐而已，既然如此，那就用一生来试吧，不要着急。

麻薯很爱对来送信的邮差乱叫，
每天送信时间麻薯就会在大门口预备，
邮差才到巷口它就开始叫了，
这个仪式没有一天不上演。
一个炎热的午后，眼看即将下雨，
邮差又胆战心惊地来了，
麻薯正准备开口时，天空落下一个响雷

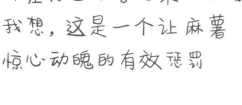

　　"哐啷！"

吓得它一声哀嚎，夹着尾巴逃走。
从此，送信时间一到，麻薯就会先躲起来，
邮差再也不害怕来我们家了，
我想，这是一个让麻薯
惊心动魄的有效惩罚

2. 一起玩游戏
Hang out with me

撇开有点烦人的训练，让我们开心地跟狗狗玩游戏吧！

狗狗的一日活动量可以利用散步与运动来完成，如果你的体力够好，也请试着跟狗狗玩游戏。跟它游戏的过程，不仅可以增加活动量，也可以扭转你们之间若即若离的关系。狗狗跟小孩一样，非常非常喜欢玩耍，尤其是"跟你玩耍"，因为在游戏中，它知道你是全心全意专注在它身上的。如果你的狗狗平时不怎么听你的话，而你正准备对它做正向训练，在此之前可以先跟它玩玩游戏，它会觉得原来你除了给它饭吃外，也是一个满有趣的生物，然后渐渐对你产生喜欢与依赖。

我没有特别买什么玩具给黑麻薯玩，除了小孩玩腻所以丢给它的几个球外，其他的游戏道具都是随手捻来。我们最喜欢玩的东西就是一块臭布——一块会被麻薯拿来发泄骑跨的臭被单。麻薯会咬着那块比它大的被单，用力甩头吸引我的注意，邀请我跟它一起玩。玩的方式不用动脑筋，就是你拉我扯、你追我跑、你甩我抓、你咬我放这样，很疯狂，能让人狗双方玩得不亦乐乎、精疲力尽。

这里我想介绍几个我们常玩的游戏给大家，
都很简单但很有趣。

麻薯走后，

那块臭被单就再也不曾腾空飞起，

我想念那臭臭的味道，

也想念那你追我跑的时光

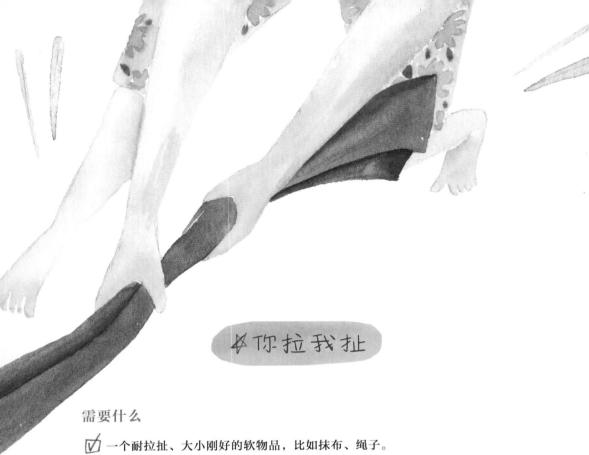

你拉我扯

需要什么

☑ 一个耐拉扯、大小刚好的软物品，比如抹布、绳子。

宠物店也有专门给狗狗玩的拉扯道具，只是狗的咬合力量很大，玩具一下子就会玩坏，所以如果家里有不要的布或旧衣服就能拿来玩游戏了。

怎么玩

- 就跟拔河一下，它拉拉、你扯扯。
- 中途试着放手让狗狗咬走，不要担心，为了跟你玩，它会马上回来的。
- 它一回来，就假装跟它抢夺，会增加游戏刺激感。
- 注意不要太过粗鲁，不然狗狗牙齿与下颚可能受伤。
- 你不要总懒惰地站在同一个地方，试着左右移动或前后奔跑，会让游戏更有看头，狗狗也才不会失去耐心。

捉迷藏

需要什么

☑ **一个够大但有界限的空间**

空间太小，狗狗一下就找到你，不好玩；没有界限，狗狗会一找找到天荒地老、迷失方向。所以选一个有围栏、有树、有草丛的公园最好。

怎么玩

- 趁狗狗专心于闻闻嗅嗅的时候躲起来。
- 虽然躲起来，但还是要偷偷观察狗狗有没有在找你或找的方向对不对，要是它完全没打算找你，那你傻傻躲在那里会显得很尴尬。
- 如果它找的方向不对，可以轻轻发出嘶嘶的声音吸引它前来。
- 在它即将找到你的时候，抢先跳出来"哇"地吓它，让游戏到达最高潮。
- "哇"完之后的重逢拥抱让狗狗既欣慰又兴奋，旁人看起来愚蠢，但对你跟狗狗来说是最幸福的时刻。

飞盘&接球

需要什么

☑ **一个大小刚好的飞盘或可以咬的软皮球**

根据狗狗的体型选择大小合适的飞盘或球，如果给你家的吉娃娃选一个篮球，那它只会被可怕的篮球追着跑。

怎么玩

- 先训练狗狗懂得要把丢出去的飞盘或球叼回来。
- 从短距离开始，当它叼回来后立刻给它奖励。
- 当它熟悉这个丢出去、叼回来的模式后，就能慢慢拉开你们之间的距离。
- 也请选一个够大但有界限的安全空间来玩，不要在马路上或人行道上玩，太危险了。
- 这比较适合精力旺盛的中大型犬，体弱的小型犬虽然活泼，但这个游戏对它们来说有些勉强。

3. 你不孤单
You are not along

一个刚刚失恋又在外地租房上班的朋友跑来向我求助，说她很想养一只狗狗来陪自己，要我帮忙挑一只适合的小型犬。在建筑师事务所上班的她，除了正常的8小时工作时间，加班更是常态，然后她又乐于积极享受城市的夜生活，我很难想象她一天到底有多少时间可以留给狗狗。别忘了还要扣掉吃饭、洗澡（噢，女生还要加保养）、睡觉的时间。

"所以，你只是想要在你玩够了回家之后，有一只会动的东西迎接你，这样吗？"我有点生气地回应她的自私。

我们应该把狗狗想象成小小孩，你会把一个小小孩独自丢在家里长达10～12小时吗？然后看见你30分钟后，又要在你睡觉时忍住不去吵你吗？这样的日子对它们来说得多孤单难熬。还有一只动物绝对需要的排泄与活动时间，该怎么挤出来？一阵碎碎念后，我没有帮失恋的朋友挑小狗，后来她究竟有没有养狗，我也不知道了。

这或许是比较极端的情况。正常情形下，一般家庭的确都需要外出上班、交际，不太可能随时把狗狗带在身边，狗狗或多或少都会遇上得自己待在家里的时候。黑麻薯跟小小欧算是非常幸运的，因为我们家一半的人口都是独立工作者，可以自由调配时间与环境，所以双欧除了我们晚上睡觉时间外，都是有家人陪伴的。说不定它们被玩得很烦，极其需要独处的自我空间。但还是会有我们一家外出无法带上它们的时候。为了避免独留在家里的狗狗总是引颈期盼，有一些小方法可以训练它们即使自己在家里也能自得其乐。当它们不再害怕独留在家后，咬东西、乱尿尿、乱叫的情况就能得到改善。

但前提是，我还是要很啰唆地提醒，在养狗狗之前，请先确定自己有足够的时间陪伴它。再好玩的玩具，都没有跟你玩更能让它感觉幸福。

怎么让狗狗习惯自己在家里

狗狗习不习惯自己在家里还是要看它的个性，有些胆小黏人、有些自得其乐，不过如果可以从狗狗小时候就开始让它学习独处，那很多分离后的焦虑行为就不会存在。

☑ 培养它独处，不要整天形影不离

虽然我也很喜欢抱黑麻薯，但仅止于抱抱、拍拍、摸摸，而不是形影不离地把它挂在身上或胸口。总是跟你黏在一起、习惯你的温度与拥抱的狗狗，会产生很大的依赖，一旦忽然长时间失去那熟悉的感觉，它的失落感就会很严重。如果你的狗狗总是很黏人，那试着买一些玩具或耐咬的零食把它从你身上引开、学会自己享乐。

☑ 从短时间独处开始训练

先从10分钟开始，把它自己留在家里或是某个房间，10分钟后不动声色地进门让它看见你。不要欢呼、不要抱它、不要刻意逗弄，先让它知道，即使你不见了还是会再出现。然后将这个分离的时间慢慢拉长，半小时、一小时、两小时……几次训练后它会明白，原来你不是无时无刻都会在它身边但绝对还是会回来。

☑ 让狗狗不无聊

留一些好玩的玩具或惊喜给它。宠物店可以买到让狗狗玩得不亦乐乎的不倒翁葫芦，葫芦里面可以放进狗粮，经过狗狗的拨弄，狗粮就会掉出来，一个葫芦可以让狗狗玩上大半天也不无聊。或者离开前在家里或院子里的各角落藏一些零食、点心，记得要让狗狗看见你在做这件事，并在你关上门的时候才让狗狗动身去寻宝。狗狗知道你离开后它就能有一场好玩的大冒险，说不定以后它就会开始期待你快离开。

☑ **淡化道别时的气氛**

离开前不要太过隆重地道别，回来后也不要太过激动地迎接，把离开当作一件稀松平常的事。有研究显示，狗狗在知道你即将离开的时刻，压力会开始飙升，而这个压力会在你离开后持续30~60分钟。如果是比较敏感不安的狗狗，可能就会出现暴走行为，甚至呕吐或自残。若狗狗的分离焦虑很严重，回到前面说的，先从短时间独处开始训练，渐进式地让它习惯独处。

☑ **留下你的味道**

离开时留一些有你味道的物品让狗狗安心，比如你的衣服、手套、袜子等，最好是穿过但还没洗的。尤其是当你必须把它留在宠物店或是托给亲朋好友时，给它一个有浓浓的你的味道的物品，感觉上就像你一直陪着它，可以安抚它紧张焦虑的心情。不过留给狗狗就要有心理准备，不是撕得烂烂的就是咬得满是口水。

以上的方法都是以1天之内为限，不要把狗狗独自丢在家里好几天。若需要出远门或出国，找一个可靠、合法的宠物店或宠物旅馆寄养，确保它这段时间内可以继续进食、安心排泄。

我会留下坐过的软坐垫，
麻薯会乖乖睡在上面，
不会咬得烂烂的

4. 帮你放松 Take it easy

✦ 按摩

对喔，你没有看错，我们奴才要来帮主子按摩了。狗跟人一样，性情喜好不同，对人与环境的压力调适能力也不同。按摩，除了能促进淋巴液循环及排毒，也能有效减低狗狗压抑的情绪与不稳定的性情。但不是所有狗狗都喜欢人家在它身上搓揉捏压，所以大家可以斟酌情况。若你的狗狗属于压抑型、焦虑型并好像充满心事，那可以先试着安抚，然后慢慢地进行按摩舒压。但若是你家的狗狗跟黑麻薯一样，整天精力充沛、欢乐无垠，然后又不喜欢人家压制它，那就不需要强求按摩这件事，它也能身心愉快。

帮狗狗按摩有什么好处

☑ **促进血液循环**

按摩能让血管扩张、使更多氧气与养分跟着血液流到全身，对于总是躺着的老年犬及生病犬，按摩除了让血液循环更好，也能帮助清理老旧废物，排毒。

☑ **帮助肌肉活化**

焦虑型的狗狗，全身肌肉常常处于紧绷的状态，适时帮它按按压压可以活化肌肉，帮助身体放松。这对老年犬也很好，年纪大的狗狗因为活动力下降、肌肉流失，慢慢地就会行走困难，按摩能够防止肌肉萎缩，让老年犬的身体机能维持良好状态。

☑ **发现身体异常**

很多狗狗的早期肿瘤都是从按摩中发现的，按摩比摸摸更深入，且因为遍布全身上下，可以及早发现被毛遮盖、难以察觉的身体异常。

☑ **人犬关系更亲密**

这个好处不用多说，按摩让狗狗舒服、愉悦了，它就变得更喜欢你，对你更放心。

按摩的部位

头颈部到背部

1. 从耳朵的周边开始。
2. 按压至耳朵后方的颈部。
3. 沿着脊椎两边慢慢往后按压。
4. 到臀部就可以停止。

腿部肌肉

1. 从前肢腿部肌肉开始。
2. 再移至后肢腿部肌肉。
3. 避开都是骨头的末端。
4. 记得左右两边都要按压。

颈胸及前腹

1. 这几个部位可以用掌心按抚的方式。
2. 从颈部下方往后顺着抚摸过去。
3. 胸部可以稍微加大力度。
4. 到腹部时减轻力量，不可太过用力。

舒压

麻薯离开后，
有一段时间我一直反复在想，
它的一生究竟过得快不快乐？
心理方面有没有缺漏遗憾？
写完这一篇后我重新审视，我想，
纵使没有 100% 的快乐，
它应该也有 90% 是很愉悦的，
希望有一天我能停止自责与愧疚，
跟 麻薯一直拥有
100% 的快乐！

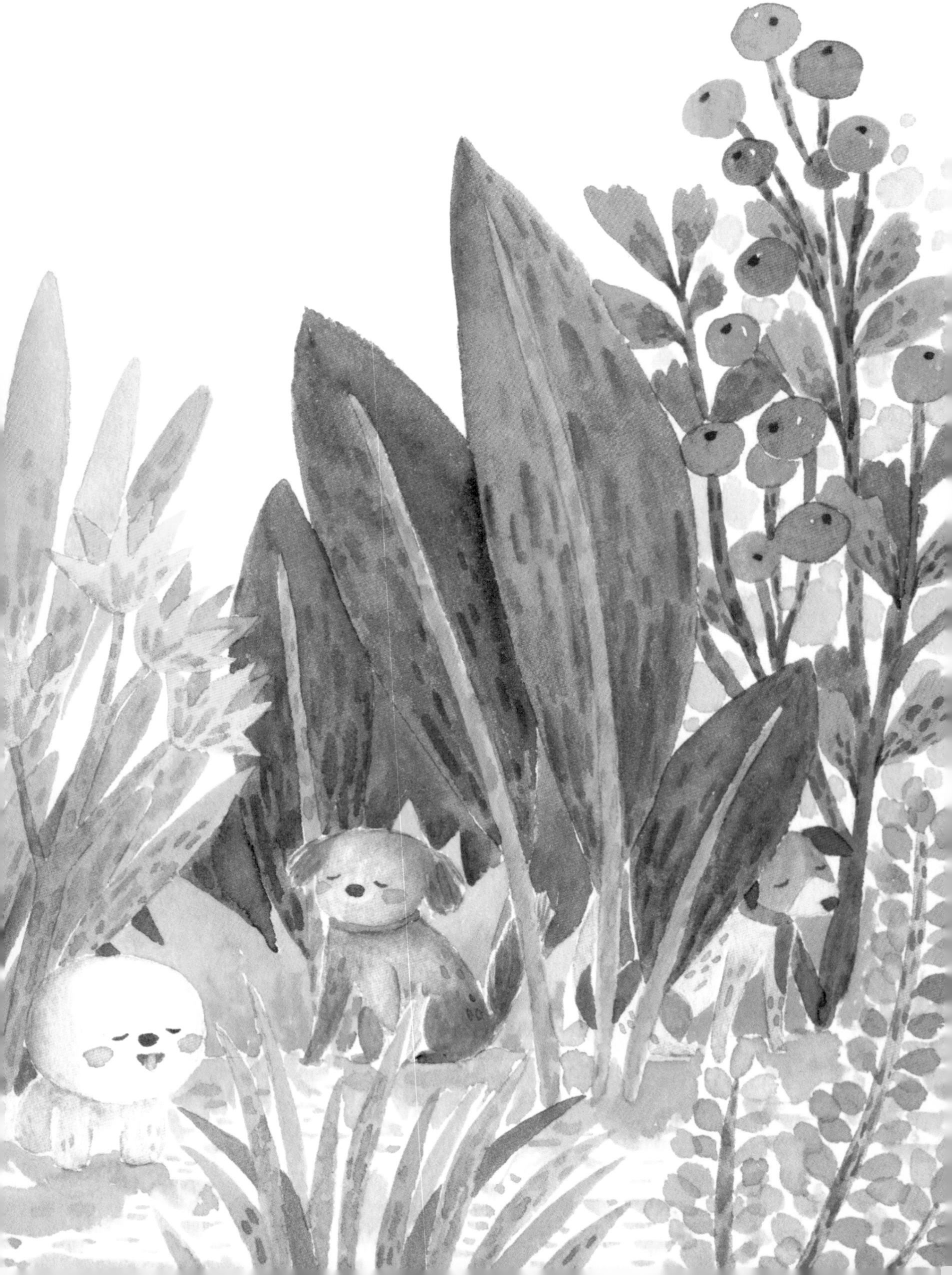

除了按摩帮狗狗舒压外，其实生活中的日常小事都能达到解除压力的目的。是的，狗狗当然也会有压力，而且它们的压力可能还不小。尤其是当它们从野外求生到看门狗再到家庭宠物的这个演化历程，"真的是动物的它们"几乎是全力来融入我们"奇怪"人类的生活。街道上那一咻而过不知道是什么的庞然大物、外出回家一脸不悦又不怎么理狗的主人、在家里一个转身就哗啦打翻的水杯……那些它们原有世界不存在的东西都让它们疑惑、恐惧，跟我们一起生活的它们，真是辛苦了。帮狗狗解压，很简单，只要生活上一些小巧的变化，就能让它们身心舒缓。

平常怎么让狗狗解压

☑ 满足狗狗的闻嗅

当我从夜市、书店、朋友家、百货公司回来后，黑麻薯会非常好奇地闻着我身上沾染的气味，那对它来说是陌生又惊奇的味道。闻闻不同的味道可以刺激狗狗感官，尤其是它不熟悉的味道。你可以试试在外面摘几种不同种类的花草，若不方便摘采也可以用中药材试试，一束一束地分开摆放，然后让狗狗自由地去闻嗅。在认识味道的过程它会非常专注，可以忘却让它感到恐惧与压力的事物。

☑ 刺激它的感知

沙地、草地、石头路、柏油路；水沟、河水、大海、泳池；晴天、阴天、刮风天、下雨天，这些不同触觉与感觉的刺激，都能改善心情。对于一个鲜少出门的狗狗，能够拥有那么多千变万化的感知是种奢求，所以之前我们曾讲到，"外出活动"对狗狗来说是多么重要。如果无法带狗狗出游，那至少做到每天带它散步，然后规划几条不同的路线，不管是艳阳天或是下雨天，做好防护就能出门。接受越多不同的感知刺激，狗狗的灵活度与精神状态都会越好。

☑ 食物常常变换

不要每天让狗狗吃一样的食物。想想要是你每天都只能吃阳春面，该会有多想打人。虽然狗狗的食物不能调味，但对于嗅觉很强大的它们来说，鸡肉跟牛肉的味道有天壤之别，蒸煮跟煎烤的气味也是截然不同。所以不用费尽心思去琢磨吃哪家馆子，只要从食材与做法上稍加改变，甚至只需要更换一下狗粮厂家或品牌，对狗狗就是极大的惊喜与期待了。

☑ 给予充分休息

狗狗需要的睡眠时间很长，但大部分都是带有警戒的浅层睡眠，所以在它进入深度睡眠时不要打扰它。还记得吗？狗狗深度睡眠的时间大概会落在中午及凌晨2～3点。没有获得充分休息的狗狗，情绪会紧绷且不稳定，长期下来攻击性也会比较强。所以，一整天都提心吊胆的浪浪好像比较有攻击力，这也是原因之一。

☑ 打造它的专属角落

在野外求生的动物，为了不暴露自己的行踪，会尽量利用环境来保护自己，所以老鼠会打洞、小鸟会筑巢，找一个隐秘包覆的地方是所有动物的本能，狗狗也是。有时它们很喜欢往厕所跑，不是因为尿遁，而是那里的空间较小，还能躲在马桶后面那个看起来很安全的位置。在家里帮狗狗打造一个属于它的窝是很重要的，可以是狗屋、也可以是一个有靠背的小角落——这样敌人才不会从后方突袭。有自己的空间后，当狗狗觉得不对劲或是不想被打扰时，就能躲进让它感到安心的地方，就像是我们回到自己家终于能卸下武装、感到心情放松一样。

狗狗的忧郁

与人类共同生活数千年的狗狗，在与人类相处的过程中，生理、心理也不间断地演化着，好与人类更加契合，因此心思上，狗狗也变得更细腻。如果身心没有得到满足、情绪没有适当疏解，狗狗也会忧郁的。虽然狗狗的忧郁可以用药物治疗，但那是最不得已的做法。其实在不得已之前，通过主人的关怀与照顾，狗狗的消沉就能慢慢好转。

人忧郁的原因很多，会因在意不同的事而出现不同的情绪，狗狗也是这样。每只狗狗在意的东西都不同，有些特别在意主人的情绪、有些特别在意周边环境。但比起人类复杂的社交情感与竞争起落，推敲狗狗忧郁的原因就显得单纯多了，不过还是需要大家细心观察，才能尽早发现这个抽象的心理疾病。

❶ 狗狗忧郁的原因

● 环境变化

小小欧在 8 个月大时跟着我从城市搬到乡间，习惯被独宠的它，忽然必须学着跟花园老大黑麻薯相处，这个从环境到生活的巨变，让小小欧吓得措手不及。差不多有 1 年的时间，小小欧的被毛干黄、神色憔悴。那段时间它的畏缩与疏离明显传达了内心的忧郁。狗狗被送到陌生环境寄养或是跟着主人一起搬家，这些环境上的改变都会造成它心理上的恐慌与郁闷。

- **新成员的到来**

  反观黑麻薯，已经习惯自己是家庭唯一宠爱的它，忽然发现多了一只要跟它分宠的动物，心理上的抗拒也明显浮现。它变得爱撒娇却易怒，会在小小欧靠近我时凶恶地把它赶走，吃饭时也变得紧张护食。这些要与新成员相处的压力，对狗狗来说是很大的，而身为主人的我，自觉没有做好新老成员间相处的平衡，这也是让我很自责的原因。

- **年老与疾病**

  身体的病痛已经让心情低落，还被拉着上宠物医院打针、吃药、检查，更让狗狗觉得痛苦。疾病与年老，也是狗狗忧郁的很大因素，原本爱吃爱睡的它们突然什么都吃不下也跑不动，对它们来说世界几乎崩裂，这时候我们从旁给予的关爱就非常非常重要。

- **分离焦虑**

  在"你不孤单"的篇章中，我们聊了很多怎么让狗狗独处时不感到痛苦的办法。但最根本的解决，其实是你多一点时间陪伴。在瑞典，甚至有法规规定，白天至少每 6 个小时就要让狗狗外出活动一次，幼犬及老年犬则需要更频繁的外出时间。试想，整天被关在家里且没有你的陪伴，就跟坐牢没两样，若换了你，能不忧郁吗？

- **你的情绪**

  在你忧郁、消沉、愤怒、悲伤时，狗狗也绝对欢乐不起来。敏感、细腻的狗狗很会观察主人的脸色与心情状态，从你一进门的瞬间，狗狗就能知道究竟要不要上前邀你玩耍。当你某段时间一直意志消沉或火爆抓狂，狗狗首先会疏离，然后渐渐自我封闭。

❷ 狗狗忧郁时会怎么样

- 性情改变，对原本喜欢的玩具或零食都兴趣全无。
- 整天懒洋洋的，行动与精神显得迟缓、爱睡觉。
- 紧张、敏感、易怒，有时还会有明显的攻击性。
- 自闭、疏离，你怎么逗弄，它都无精打采。
- 食欲下降、体重减轻，饮水及吃点心的欲望都不强。
- 严重者会伴随脱毛或被毛黯淡无光泽。

❸ 帮狗狗告别忧郁

- **给它一点时间并给予温暖**

  因为暂时性的环境改变、季节交替而引起的忧郁可不用太担心，给狗狗一点时间适应，而我们有事没事的嘘寒问暖与摸摸拍拍，可以缩短它忧郁的时间。

- **安全的环境与感同身受的同情**

  对于生病的狗狗与老年犬，我们很难再用外界刺激来刺激它的精神，但给它一个安心舒适的养病（老）环境可以稳定它不安的情绪。我们也要理解它因为不舒服而产生的抑郁或易怒，不要幼稚地跟它赌气，多一点耐心，摸摸头、拍拍身体，让它知道我们一直都在。

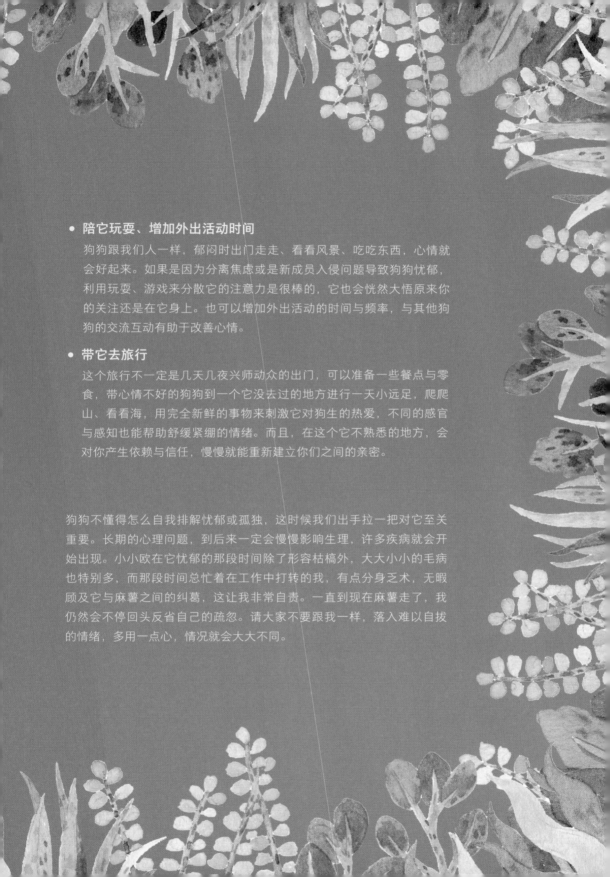

- **陪它玩耍、增加外出活动时间**

  狗狗跟我们人一样，郁闷时出门走走、看看风景、吃吃东西，心情就会好起来。如果是因为分离焦虑或是新成员入侵问题导致狗狗忧郁，利用玩耍、游戏来分散它的注意力是很棒的，它也会恍然大悟原来你的关注还是在它身上。也可以增加外出活动的时间与频率，与其他狗狗的交流互动有助于改善心情。

- **带它去旅行**

  这个旅行不一定是几天几夜兴师动众的出门，可以准备一些餐点与零食，带心情不好的狗狗到一个它没去过的地方进行一天小远足，爬爬山、看看海，用完全新鲜的事物来刺激它对狗生的热爱，不同的感官与感知也能帮助舒缓紧绷的情绪。而且，在这个它不熟悉的地方，会对你产生依赖与信任，慢慢就能重新建立你们之间的亲密。

狗狗不懂得怎么自我排解忧郁或孤独，这时候我们出手拉一把对它至关重要。长期的心理问题，到后来一定会慢慢影响生理，许多疾病就会开始出现。小小欧在它忧郁的那段时间除了形容枯槁外，大大小小的毛病也特别多，而那段时间总忙着在工作中打转的我，有点分身乏术，无暇顾及它与麻薯之间的纠葛，这让我非常自责。一直到现在麻薯走了，我仍然会不停回头反省自己的疏忽。请大家不要跟我一样，落入难以自拔的情绪，多用一点心，情况就会大大不同。

狗狗
那么照顾

1. 感冒 I'm not feeling well

2. 中暑 The weather is so hot

3. 厌食 I don't want to eat anything

4. 呕吐 I'm ill

5. 肠胃炎 Let me alone, okay

6. 皮肤病 Handsome O. & Miserable little O.

7. 胰腺炎 A frightening thing

狗狗与我们一样，
会伤会痛也会生病，

狗狗又跟我们不一样，
不能说不能哭不能求救。

他所有的好坏，
都决定于我们有没有
细心地观察及耐心地照顾，

很简单，也很不简单……

story：生病受苦的黑麻薯

黑麻薯一直以来都不太需要人操心，比起小小欧的戒慎恐惧，它是老大般的潇洒性格，天天都活得健康自在。有人说，人的一生，好的、坏的事情都各是一半，你先遭遇了所有坏事后，接下来就请好好安心享乐。反之亦然。

是这样吧？怎么会想到，一生无忧、天天开心的黑麻薯在生命末期会遭遇那么多苦痛。而我，一直以来坚持着动物应该回归自然、天生天养的想法与家里7只狗狗相处，但面对黑麻薯的病痛时，我却无法好好放手。

生老病死，就是这样一件用力刻在心里的事情。

面对生了病的狗狗，我们因为强烈的爱，随之产生强烈的无助感，因为很多时候，我们无力挽回那突然被带走的生命。我一直在思考，关于狗狗生病的部分，我应该写些什么？我又有能力写些什么？

在7只狗狗的生命里，我认识了许多疾病，我想我能给大家的，应该且必须是我了解过、我经历过的这些。除此之外，我不能多说些什么，因为不论是哪一种疾病，除了需要专业的医学知识去治疗外，还需要用一颗颗被狗狗牵动着的心去支持。所有的疾病，不论大或小，都该被绝对尊重，不能草草了事。

所以在这里，只挑选了日常的、大方向的常见疾病跟大家分享，除了带走黑麻薯的胰腺炎。其余还有各种疾病，如心脏病、糖尿病、肾脏病、恶性肿瘤等，这些需要大家亲自与宠物医生讨论、亲自想办法寻求资料与知识，全面地、彻底地认识和了解。

因为，这是对所爱的狗狗负责的基本态度。

疾病发生前的日常照护

狗狗在成为人类的好朋友前是在野外生活的动物，当受伤或生病时，很容易成为其他动物的猎食目标与欺负对象，所以纵使身体再怎么虚弱难耐，为了自我防御，狗狗还是会极尽所能地隐藏病痛。狗狗在成为人类的好朋友后，这样的动物习性并没有改变，甚至在它们与我们之间有一定感情后，为了不让主人担忧，有些狗狗更是会掩饰自己的身体不适。就算它身体疼痛到难以忍受，很想让你知道，但不会说话、不会抱怨的它只能用其他方式来表现，若我们没有细心留意，那些方式很容易被忽略。

谁都希望狗狗可以快乐地、健康地度过一生，但无论如何细心照料，生病、受伤还是在所难免。在疾病严重到无法挽回之前，通过日常照顾与观察，及早发现病情，就能减少许多痛苦。在这里，我希望大家从两个方面入手，以便更全面地守护狗狗的健康。

定期体检

到宠物医院做健康检查，得到的病理数据与结果一定会更正确详细，但对没有医保的狗狗来说，检查的费用挺高的，对部分人会是沉重的额外负担。大家可以根据自家狗狗的状况及年龄请宠物医生评估检查周期，比如遗传疾病较多的品种犬与开始进入高龄的狗狗，需1年1次；而身强体壮的米克斯与年轻狗狗，或许可以改为2年1次或3年1次。

狗狗的定期体检项目有：

常规检查	听诊、触诊、问诊等
血液检验	传染病检测、各器官生化指数
影像检查	X光、超声波、断层扫描
心脏检查	心脏超声波、心电图
尿液粪便检验	肠胃、肾脏问题检验

1. 常规检查

就跟我们人到医院去一样，医生会问问年龄、病史、身体状况等，然后听听心跳声、摸摸不适的部位。常规检查也就是基本的听、触、问，开始前或许会先填相关表格，有些会进一步再测血压、体温。

2. 血液检验

血液检验是检康检查中最主要也最重要的一部分。除了做基本的红细胞、白细胞、血小板等数值检测外，从血液中能够检查出是否有寄生虫等传染病，肝、肾、胰腺等器官的健康状况，也可以从数据中看出来。如果经济能力有限，可以选择血液检验这一项作为主要检查项目。

3. 影像检查

X 光、超声波、断层扫描都属于影像检查，但并不是每一项都必选，可以根据狗狗状况来选择。影像检查可以让宠物医生直接看到狗狗身体里面的情形，如肿瘤位置、骨骼状况、体内是否有异物等。黑麻薯就是通过超声波检查发现的肝脏肿瘤与腹水。

4. 胸腔 X 光、心电图

在此之前，医生会先做胸部听诊，若发现不正常的声音等，就会询问主人是否要进一步给狗狗做详细的心脏检查。

5. 尿液粪便检验

尿液检查可以检测尿糖、尿蛋白、酸碱值或肾脏及膀胱等方面的问题。粪便中则可以发现原虫或寄生虫的虫卵。

关于狗狗各项诊疗、手术或预防针的费用，因为不同宠物医院的规模与设备不同，定价上会有差异。大家带狗狗上医院前，可以参考所在地各家宠物医院收费标准，心里有个底，不至于让无良的宠物医院漫天要价。

居家检查

对大部分的狗狗来说，去宠物医院是一件很痛苦的事，不管是医院散发出来的消毒水味或是各种狗狗就医留下的味道，都让它们觉得快抓狂。除非万不得已，我也不想拉黑麻薯上医院，因为每次都要在门口上演老半天你推我挤的戏码。这种情况下，平日的居家检查就很重要，小小欧就是因为长时间站着不动，才被发现它肚子已经痛得很难受。这些小小的改变，都是你发现狗狗病痛的契机。

狗狗感到不舒服的表现

☑ 好像不爱吃东西了

吃东西是狗狗最大的乐趣，当发现它吃的量变少甚至对食物兴趣全无时，或许它身体里正产生某些变化——当然这个变化我们需要先排除发情、季节、环境改变等因素。若是疾病造成的食欲不振，大多还会伴随精神不佳与昏昏欲睡。

☑ 睡得很多或睡不安稳

所有动物都知道，在睡眠中可以最大限度修复身体损伤。当神采奕奕的狗狗忽然总是卷曲着埋头大睡，很有可能正努力地修复身体不适。反之亦然，原本好吃好睡的狗狗，忽然睡不安稳，甚至呜咽嚎叫，也请留意它的身体变化。

☑ 社交障碍、个性改变

我们人在身体不舒服时连话都不想说，更别说出门与朋友见面了。身体产生病痛的狗狗，除了不爱出门外，也可能对主人回家变得冷漠无情，不再热情迎接。如果我们进一步想亲近它、摸摸它，狗狗的自我防御行为可能就会出现，如低吼、龇牙咧嘴等。

☑ 肢体表达

我们人在肚子痛时会不自觉地把手搁在肚子的位置；头痛时也会下意识地用手摸摸头部。狗狗的四肢没有我们那么灵活，但有一些肢体上面的表现，也是狗狗传达它身体病痛的信号，如以下三个表现。

祈祷姿势

肚子部位的疼痛，会让狗狗出现类似祈祷的姿势：前肢蹲低跪趴、后肢站立，这跟伸懒腰有点像，但表现出来的氛围完全不同。伸懒腰会拉直腰部、感觉放松，且一下子就恢复站立姿势；肚子痛的祈祷姿势会全身紧绷并持续较长的时间。

卷曲放空

身体不适让狗狗本能地想"卷起来"保护自己。看起来很像在睡觉但并没有真正入睡，没有闭上的眼睛眼神空洞，呼唤它得不到热情反应，可能只是懒洋洋地抬一下头而已。

坐立难安

一阵一阵出现疼痛，会让狗狗一下躺、一下坐、一下站，表现得坐立难安。站起来时，也会较吃力，无法放松的样子，严重时还会出现发抖的状况。

有事没事把狗狗全身摸一遍
也能找到问题，有一次黑麻薯
脚脚出现发炎囊肿，也是在
摸摸的时候无意间发现的

1. 感冒
I'm not feeling well

寒冷的冬天、昼夜温差大的春秋，狗狗也跟我们人一样，一不小心就会感冒。但狗狗界中的感冒与我们所认知的人类感冒概念不太相同。正确来说，应该称作"传染性呼吸系统疾病症状"，也就是犬感冒。有时狗狗出现打喷嚏、流鼻水的症状，有可能是过敏或其他呼吸道的疾病引起，而在冷天或昼夜温差大的日子就变得更明显了。因为引起"感冒症状"的原因很多，在这里，我就先以"感冒"来通称，大家比较能理解与感同身受。狗狗感冒的症状若不是太严重，一般都会靠自身修复而康复，不用太过担心。但若是出现较严重的情况如发高烧、呕吐等就不能轻忽，这很可能是因为其他疾病而并发感冒症状。黑麻薯有过几次感冒的经历，但身体一向健康的它，最多只是出现鼻水滴滴答答的症状，通常几天内就能好转。

狗狗感冒的症状

食欲不振、流鼻涕、打喷嚏、精神萎靡、发烧、咳嗽、眼睛红肿、流眼泪、有眼屎……

症状与我们人差不多，但狗狗的许多传染性呼吸道疾病的症状都类似这样，所以，就需要进一步检查是什么原因引起感冒。

导致狗狗出现感冒症状的病毒类型可能有

☑ 犬舍咳

犬舍咳是一种传染性很高的上呼吸道感染，是由细菌或病毒引起。它常常发生在大量狗狗聚集的场所，如宠物旅馆、宠物展、公园或狗狗聚会，但不会人畜共患。

传染方式： 空气中的飞沫传染、狗狗间口鼻直接接触、碰触了受污染的碗或玩具等，所以并不是需要直接接触生病的狗狗才会被传染。

感染症状： 除了一般常见的感冒症状外，还会剧烈干咳，感觉像是想把喉咙中的异物咳出来。严重的犬舍咳会引起气管塌陷、支气管炎、气喘。

☑ 犬副流感

犬副流感病毒是一种呼吸道病毒，也是造成犬舍咳的病毒之一。犬副流感有高度传染性，狗狗感染犬副流感后，除了会出现上呼吸道问题，也可能会影响神经系统。

传染方式： 主要途径是飞沫传染，但也会经接触口鼻分泌物而感染。

感染症状： 疲倦、没有食欲、打喷嚏、流鼻涕，伴随干咳及发烧，眼睛发炎。

☑ 犬瘟热

由犬瘟热病毒引起的犬瘟热，症状与感冒非常相像，但它的严重性远高于一般感冒。常发生在生活环境复杂的地方，如狗狗收容所。

传染方式： 直接接触、空气中的飞沫及病犬的排泄物或分泌物传染。

感染症状： 如一般感冒，但常常会伴随发烧，尤其在早晚时间体温升高。其他症状还有四肢肉垫及鼻子干裂、出现脓性鼻涕与眼屎。若开始出现呕吐、抽搐、口吐白沫等严重症状，那就很难治疗了。

狗狗感冒怎么照顾呢

我本身非常不喜欢看医生，总觉得进入医院是一件让我浑身不舒服的事。黑麻薯大概也跟我一样，只要走上通往宠物医院的路，聪明过狗的它就已经嗅出端倪然后百般抗拒。如果可以，我自己都会先选择自愈疗法，用自身的免疫力去抵抗感冒，万不得已时才会踏上求医之路。若你与你的狗狗跟我们一样不喜欢医院，而狗狗感冒症状轻微的话，或许可以参考我自己照顾狗狗感冒的方法，让害怕宠物医院的它先试着减轻症状。但若情况一直没有好转，还是要想办法把它骗去宠物医院检查喔。

☑ 停止嬉闹

这个特别针对家里有小宝宝的情况。狗狗生病时精神不好，也不想动，如果这时候还不停邀约它出门玩耍游戏，对它的病情完全没有帮助。所以，若是家中有小孩，时不时去拉一下尾巴、动不动去扯扯牵引绳，狗狗都是很无奈的。

☑ 补充水分

多喝水、多排毒，对人好对狗狗也好。狗狗感冒时留意它喝水的情况，若情况不佳，可把食物改为汤汤水水的鲜食，帮助补充水分。

☑ 加湿

若狗狗出现流鼻涕且呼吸似乎有不通畅的声音，缓解鼻塞可以让它更快恢复精神。狗狗很难像人一样安静地把鼻子凑在热水旁呼吸，我们可以在家里使用加湿器，或者在洗热水澡的时候把狗狗一起带进浴室（放心，它就算偷看也不会到处乱说），这些都能帮助呼吸畅通。

☑ 保持温暖与清洁

冬天或夜晚时，帮狗狗多增加一些温暖的软垫，并且注意它睡觉休息的地方会不会吹到冷风。随时清洁狗狗的分泌物也很重要，如眼屎、鼻涕等，清洁干净才不会造成二次感染，也能让狗狗觉得舒服一些。

平时怎么预防感冒

1. 补充营养

在即将入冬前或深秋季节时，可以多补充营养。我会每星期增加 1 次鸡汤鲜食，做法很简单，用等量的鸡腿肉和鸡胸肉加水煮到软烂并不加调味料就可以了。

2. 多晒太阳多运动

除非真的有事，平时我坚持每日与麻薯在晨间跑步。每天轻松活动、开心出游与充分的日光浴，绝对是增强免疫力的最好方式，不管是对麻薯还是对我自己，都能大幅减少感冒的概率。

3. 善用按摩梳

买一把梳尖有圆球的按摩梳，时不时帮狗狗梳理几下，梳尖轻轻碰触皮肤，除了让被毛光泽亮丽，还可以促进皮肤新陈代谢、清除体内废物。

2. 中暑 The weather is so hot

我们生活的花园小屋，一进大门口的左手边，角落里是一棵结果很不给力的老龙眼树。老龙眼树生长在一块隆起的泥土地上，刚好在墙边照不到阳光的位置，一年四季都很凉爽。虽然从来没能从这棵老龙眼树上吃到甜蜜蜜的龙眼，但它却一年又一年，用浓密的绿叶给了双欧夏天的沁凉庇护。

每年进入盛夏，充满阳光的花园到处都赤艳艳，很难在花园里待上太长时间。每天早上差不多9点从外面跑步回来，双欧咕噜咕噜喝完水后，一扭头就直接冲往龙眼树下的草地，一狗固定霸占一个位置，躺下后直到下午4点前都不会再离开，任凭我又哄又叫又拉又扯，都没用。

这种情况会一直持续到初秋微凉才会停止。

虽然小小欧长期被黑麻薯欺压玩弄，但黑麻薯走后，小小欧似乎跟我一样，心里也被掏空了一大块。从那时候开始，我害怕停留在龙眼树下，小小欧也不再喜欢那个龙眼树下的位置。

黑麻薯离开后的第一个夏天，我们依旧每天外出跑步，一回来，小小欧咕噜咕噜喝完水后，一扭头就直接冲往我小屋工作室里的厕所，一个狗霸占整个冰凉的瓷砖地板，躺下后直到下午4点前都不会再离开，任凭我又哄又叫又拉又扯，都没用。

这种情况会一直持续到初秋微凉才会停止。

狗狗是很怕热的动物,又喜欢快速移动、追跑赶跳,活动力强的它们,体温平均比人类高1～2℃,因此很容易中暑。尤其是狗狗不像我们人可以全身排汗散热,所以中暑前的预防很重要。有一些品种的狗狗,特别是口鼻部短小的犬种及温带双层毛的犬种更容易中暑。

容易中暑的狗狗品种

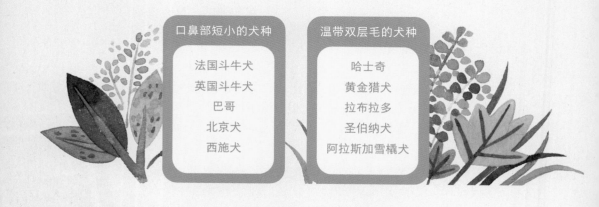

口鼻部短小的犬种	温带双层毛的犬种
法国斗牛犬	哈士奇
英国斗牛犬	黄金猎犬
巴哥	拉布拉多
北京犬	圣伯纳犬
西施犬	阿拉斯加雪橇犬

在热中暑之前,我们要先观察狗狗是不是有"过热"的状况,就如同我们使用电器,如果产品过热就要赶快拔掉插头,免得电线走火,狗狗也是。在观察到它已经过热的情况下,赶紧采取急救措施,就能避免措手不及的意外。不要小看中暑,一旦开始热衰竭,就会有高达八至九成的死亡概率,尤其现在夏天真的越来越热了,连我们人都受不了,更何况是长着长毛的狗狗。

过热的初期反应

- 不停流口水，嘴边肉松弛。
- 气喘吁吁，喘气中夹带杂音。
- 眼神呆滞无神且涣散。
- 对你的呼喊没有太大反应，
  平时熟练的指令也忽然做不到。
- 虚弱无力，失去平衡，有时双脚躁动。
- 腹部出现红斑、红点。

过热的后期反应

- 喘气越来越急速、呼吸变得困难。
- 心跳加快，体温升高。
- 舌头由粉红色转为蓝紫色。
- 牙龈变得苍白。
- 持续流口水，且唾液变得浓稠。
- 走路不稳，出现痉挛、抽搐。
- 休克昏迷，严重时会心脏停博。

如果到达后期，并同时发生3种以上的症状，应赶快带狗狗到离你们最近的宠物医院去。若在初期就发现，可以按照下面的步骤处理，不要急、不要慌。

1. 移动位置

尽快把狗狗移到阴凉通风的地方，若没有室内可以避暑，就赶紧找树荫下的凉快处，总之，先避免阳光直晒。

2. 移除身上物品

把项圈或是人为给狗狗加的衣物甚至鞋子（我不懂为什么要给狗狗穿鞋子？脚掌是它们散热的地方啊！）通通去除掉，让它一身轻快、没有额外负担。

3. 打湿脚掌或将四肢泡水里

把狗狗脚掌打湿，如果环境允许就把四肢泡进水里降温，记住是四肢而不是全身，这时候请先避免对心脏太过刺激的措施。使用常温水就可以，不需要用冰水或额外放进冰块，否则造成血管急速收缩反而危险。

4. 补充水分

多补充水分，如果狗狗已经没有办法自行喝水或是会把水吐出来，那就不断帮它用水把舌头沾湿，直到有慢慢好转的迹象。

若上述的方法都没能让狗狗恢复，那就快到宠物医院去。在前往宠物医院的途中，可用湿毛巾包住狗狗身体，并让它伸直脖子保持呼吸畅通。

日常预防中暑的方法

如果你的狗狗有过中暑的经历，那未来生活上就要处处留心，不要让危机再次发生。黑麻薯不曾有过中暑的状况，我想是因为平时它很喜欢喝水，也懂得在炎炎夏日躲进它最爱的车子或大树下。很会照顾自己的麻薯，在中暑这件事上没有让我操心过，真贴心。

☑ 留意外出时间与环境

把带狗狗出门溜达的时间改为早上8点前或傍晚太阳落下时分。夏天避免柏油路或人行砖面路，尽可能到树荫多的公园，万一中暑，还有地方可以遮蔽。

☑ 随时补充水分

狗狗身体有60%都是水分，幼犬占的比例还更高，所以它们需要多喝水。外出时随身带一瓶水、一块毛巾，除了可以让狗狗随时随地有水喝外，把毛巾打湿后擦擦脚掌，也能帮助降温。

☑ 改变我们的懒惰

有些人喜欢边骑车边遛狗，我真的很不能接受。一方面是这样追着车跑很紧张、很容易让狗狗发生意外；另一方面是你以为骑得很慢的速度，其实对狗狗已经是沉重的负担，不然你自己追着车跑跑看啊。

☑ 室内环境通风与凉爽

对原产于寒带地区的狗狗来说，不管是夏天还是低纬度地区冬天的湿热气候，都挺难受的。在家里的时候要注意室内通风，太过炎热的季节要帮狗狗铺上凉垫。去领养小小欧时，当时的主人把矿泉水瓶装水后冷冻，放在小小欧的小房子里，小小欧会自己爬着爬着就爬到矿泉水瓶上趴着睡觉，看起来好像很喜欢这样的防暑降温设备。所以带它回家后，它的小房子里放的不是娃娃或玩具，而是好几个让它倍感亲切的冷冻瓶装水。

不要再让
狗狗独自待在车上了
Don't be so stupid

你以为的方便其实是谋杀

除了骑车遛狗，我也无法理解怎么会有人把狗狗扔在车子里而自己离开？这种低级的错误却常常发生，他们认为只离开一小会儿，而且已把车窗打开，应该不会有危险。但你觉得很快就回来的时间，对被热气包围的狗狗来说却是极度漫长，更严重的是有许多主人就这样忘记留在车上的狗狗了，这几乎就是谋杀，这样的人应该被惩罚。

为什么不能让狗狗留在车子里

曾有人做过一个实验，打一颗鸡蛋在锅里再放进车内，当外面温度30℃时，只要30分钟，车内温度就能升到60℃，而生鸡蛋也已经半熟。夏天在太阳直射下，气温到达36～38℃已经很平常，这时车内温度可能高达70℃以上，不要说生鸡蛋了，嗯，我还是很想叫那些狗狗主人在这样的温度下自己待在车子里试试看，就能知道没水、没空调，甚至缺氧的折磨有多可怕。

如果迫不得已要让狗狗留在车上

我是说迫不得已，若只是想逛百货公司又不想花力气用手推车推狗狗，那就不叫迫不得已，那只是无脑自私。如果真的必须把狗狗暂时留在车上，务必做到以下几点。

1. 把车停在阴凉通风处

地下停车场不是阴凉通风处。我有一次到某大楼录影，录影前在地下停车场小睡片刻，虽然已将窗户打开，但还是非常闷热难受，结果那场录影全程头昏脑涨、完全不知所云。那是个糟糕的经验，请不要让你的狗狗也经历。

2. 给狗狗准备足够的饮用水

不要怕狗狗弄湿弄脏你的车子，谁叫你要把它留在车上。给它准备充足的饮用水，热了渴了就有水喝，也能降低中暑的风险。

3. 尽快回来

很难说必须几分钟内回来，如果是我，我会尽量在30分钟或更短时间内回来。只要试想，如果留在车上的是孩子，纵使不热且通风，也有水喝，还是一件让人担忧的事情。

3. 厌食
I don't want to eat anything

黑麻薯一年差不多会有 1~2 次的厌食，

但每次都很快就会恢复，

有一次，它做坏事被责骂后，

竟然持续一个星期没有吃东西！

罐头、肉干、零食都不要，就只喝水。

后来我们使出杀手锏，

跑去买了一只炸鸡腿诱惑它，

没想到依然失败！

就在大家快被它急死，

然后不停跟它道歉之后，

老大忽然哪根筋接上就开始吃东西了。

那次的厌食，

无疑是个任性的玩笑！

挑食不等于厌食。挑食可能只是某些特定食物不吃或总是对正餐爱理不理，但给了平常很难得到的肉干或零食，狗狗还是会开心地狼吞虎咽。而厌食是对所有食物尤其是它平常爱到发狂的食物都失去兴趣，且这样的食欲减退持续3天以上。就像那时候黑麻薯忽然就什么都不吃，你们一定也会跟我一样焦急，在急忙联系宠物医生之前，请先想想是不是有什么事引起这样的食欲减退，因为到了宠物医院，医生一样会从这个方向切入问诊，找到原因才能对症下药。若原因不明或已经危及身体健康，医生可以提供促进食欲的药来改善狗狗不吃东西的情况。

狗狗到底为什么不吃东西

☑ 生理性厌食

幼犬换牙、母犬怀孕或生产前以及发情期等，这些生理改变都会影响狗狗食欲。黑麻薯就常在发情期心痒难耐、什么都不吃，但一旦发情结束，它的食欲就瞬间恢复。这种生理性厌食会在厌食因素消失后就得到改善，也不会有其他不良反应。

☑ 心理性厌食

情感比较细腻的狗狗容易出现心理性的厌食。如环境忽然改变、无法适应寄养家庭等情况，这些焦虑都会让狗狗食不甘味。另一个情况是"奴才"们太过溺爱，或是用了错误方式来管教狗狗，比如，当狗狗不吃正餐时，主人就紧紧张张地不停询问狗狗哪里不舒服，或是立刻拿出其他更好吃的东西给它吃。久而久之，狗狗会觉得"不吃东西"才能引起主人的注意与关心，甚至觉得这样才可以得到其他更美味的食物，因此干脆就不吃了。

☑ 疾病引起

牙痛、肚子痛，这些都会让狗狗没有食欲。喜欢在外出时乱吃地上东西的狗狗要特别注意，当它吞下异物后，不仅会因为难受而不吃不喝，有时也会伴随呕吐与腹泻。黑麻薯发生胰腺炎的时候，就是什么都不吃，连平常让它疯狂的肉肉和零食，都只是嗅嗅之后转头就走。当时，我就知道事情完全不对劲了，没想到，那竟然是黑麻薯生命进入倒计时的信号。

☑ 食物问题

狗狗的嗅觉是人类的数万倍，它可以闻出1个月前桌上放过什么食物、可以辨别50升的水中是否加进了一匙盐，经过训练的警犬甚至可以分辨高达十万种的气味。对食物很有自己想法的小小欧，知道选择没有添加物的食品（我做过多次实验），很强。所以，若你的狗狗忽然不吃东西了，也请想想，是不是狗粮开封太久，被它闻出了变质的气味？还是这个品牌加了许多糟糕的添加物？或是你365天都给它吃完全相同的食物？

厌食问题如何解决呢

找到厌食的原因，才能有针对性地解决好狗狗不吃东西的问题。以上4种情况，我想了想，好像家里的狗狗都遇到过，而我自己的处理办法也颇有成效。

☑ 解决生理性厌食

- 对生理性的厌食，我的处理方式就是，不理它。
- 说不理它，是为了让自己放宽心。生理性厌食一般都会慢慢恢复，这期间我们肯定会焦虑，但从中静静地观察，算算天数、数数周期，若都在正常范围内就不用太过担心。
- 如果是母狗怀孕或生产前厌食，当它恢复食欲后，请特别留意它的食物摄取，帮它把营养补回来，可以再复习第123页狗狗怀孕照顾的内容。

☑ 解决心理性厌食

- 小小欧刚跟着我从城市搬回乡村时，必须面对另一位强势的老油条麻薯，刚开始它也是吃不好、睡不好、被毛枯燥。遇到因为环境改变而厌食的情况，我们的加倍关怀会是最有效的良药，多跟它说话、带它玩游戏、平等对待新老成员，这些良苦用心狗狗都看在眼里，等它渐渐熟悉新环境后，厌食的情况也会改善。

- 若是因为想寻求你的关注而故意不吃东西的话，请你强硬起来，忍住，不要无谓的过度嘘寒问暖，清楚明确地让它知道现在不吃也不会有其他东西可以吃。一开始可以先把食物放在你手上，慢慢引导狗狗闻嗅，当它开始吃后，就不需要再一口一口喂它，让它习惯就算没有关注也必须自己主动进食。

☑ 解决疾病引起的厌食

- 应先确认狗狗究竟生了什么病，然后对症治疗。
- 若疾病需要长期治疗而狗狗又不吃东西就很危险，宠物医院除了可以提供促进食欲的药物外，也能通过皮下输液来补充电解质或者补足营养（概念类似我们熟知的营养针）。
- 黑麻薯因胰腺炎痛得不能进食时，是把促进食欲的药溶解后，与宝宝食品混合在一起，再用针筒灌食，才慢慢让它恢复吃东西的欲望。

☑ 解决食物问题导致的厌食

- 大包装狗粮的确会比较优惠，买回来后花点时间用密封袋分装好，才不会因为开封太久而快速氧化或变质，也要注意不要让食物被太阳直晒或放置太长时间。
- 所有给狗狗吃的食物都请先帮它把关，我自己的习惯是，不管是颗粒狗粮、罐头、肉干、零食或是洁牙骨，买回来后我都会先吃一点，尝尝味道，看看有没有什么不良反应，确定不油不咸也没有副作用就能安心给狗狗。
- 不同种类的食物轮流交换，有时候颗粒狗粮、有时候罐头、有时候鲜食，烹调手法也多点变化，蒸、煮、烤、煎，不同香气与口感都能刺激狗狗食欲。
- 宠物医生也曾教我一个办法，喂食前把食物稍稍加热，甚至加一点点肥肉（对喔，先前有说到，狗狗不是完全不能吃油脂，而是必须控制摄取的分量）能大大增加食物的香气，吸引狗狗用餐。虽然脂肪对狗狗是不好的，但对一个已经不吃东西的病狗来说，两害相权取其轻，眼前最重要的已经不是讲求健康，而是必须先想办法让它进食再说。这与人类做化疗之后的状况相同，医师都会尽量鼓励病人能吃就吃、想吃就吃，吃什么都比不吃强。

4. 呕吐 I'm ill

印象中黑麻薯经常吐。

它有一个糟糕的坏习惯，总是喜欢在外面乱吃东西，还喜欢在家里偷翻垃圾桶。但令人欣慰的是，它的胃有惊人的识别能力，只要是吃了不好的东西，3秒内就能吐出来。所以，虽然常常吐，可是身体依旧保持硬朗。

狗狗呕吐时的样子你们看到过吗？

若是在行走中，它会压低头部、拱起背部、后肢微蹲，但不会停下脚步，就缓慢地在一步一步间，随着肠胃的收缩，约经历3次反胃然后把食物吐出来。

那天傍晚接近6点，我与麻薯在外准备回家倒垃圾，小坏蛋又在半路偷吃人家倒在草丛里的厨余垃圾（到底为什么要把厨余垃圾倒在草丛里）。才刚吃完被我训斥后，我俩走过一条大马路，正在马路中间时，说时迟那时快，它又压低头部、拱起背部、后肢微蹲……不会吧，我瞪大眼睛环顾四周，除了左右两边即将前来的车子、前后还站着一堆准备倒垃圾的人。我心里一沉，死命想拉着黑麻薯离开，但眼看东西都到嗓子眼儿了怎么拉得动。就在所有车子都停下来、数十只眼睛都在观摩的时刻，1、2、3，黑麻薯缓慢地完成3次反胃，然后哇啦啦地，在马路中间，吐了。

我知道，前后应该只有2秒的时间，可是我好像经历了一辈子，就在众目睽睽下，黑麻薯吐完就跳着跳着走了，而我，站在那里，在那摊呕吐物前，脑袋百转千回，要清也不是、不清也不是。

这时一辆车子"叭"了一声，划开窘境，我顺势往旁边跳开，头也不回直直往家的方向走去，身后传来车子起动的轰轰声，我，完全不敢回头看看那摊被反复辗压的呕吐物成了什么样子。

黑！麻！薯！

乱吃东西会吐

吃太饱玩一玩也吐

生病时一直吐

呕吐在狗狗的生活中算是很常见的。我们的食道是由平滑肌组成，而狗狗是横纹肌，所以比起我们，狗狗可以很轻易就把东西吐出来，吐的机会也比我们多很多。如果是偶尔一次快速、轻微的呕吐且狗狗还是生龙活虎的样子，都不需要太紧张，有时候呕吐对狗狗来说是好的，借由反呕把身体无法接受的坏东西、脏东西推出来，以维持身体健康。不过呕吐有轻有重，观察一下狗狗呕吐的症状，若太反常也不能疏忽大意。什么样的状况叫"太反常"呢？

- **呕吐物中带血**
- **太常吐或一天呕吐数次**
- **伴有其他非常态症状**

你为什么吐

 乱吃

乱翻垃圾桶、吃得太油腻、误食骨头或硬物，这些都可能让狗狗呕吐。有些狗狗如黑麻薯，外出溜达时很喜欢偷吃外面的垃圾或马路上的东西，这要请大家特别注意，我有个朋友的小黑狗阿福，就是出去玩时吃了被人下毒的食物，回来后口吐白沫身亡，这种下毒的下流行为非常非常让人气愤。

☑ 一直吃一直吃

狗狗可以挨饿但无法知饱，你给它多少食物它都会吃完，但吃完后无法消化又会吐出来，所以由你帮它控制分量很重要。因为过度进食而导致的呕吐其实也很好分辨，鼓鼓的肚子和还没完全分解的呕吐物，就是证据。

☑ 生病了吗

肠道有寄生虫或被病毒感染（如犬瘟热、冠状病毒）都会让狗狗呕吐。其他疾病如胰腺炎、肠胃炎、胃溃疡等也都会让它吐个不停。

☑ 紧张、焦虑或过度兴奋

太激动的情绪会让胃液翻腾，这样的情况要尽可能安抚狗狗，让它冷静下来。

☑ **胃扭转**

这是一个可怕的情况，常常发生在大型犬身上，且以老年大型犬发生的频率最高。短时间内摄取大量食物或在吃饱之后马上就做剧烈运动，这样不健康的生活习惯很容易让狗狗胃扭转。狗狗出现胃扭转后状况会急转直下，有时数小时内便会死亡，死亡率高达30%。伴随的症状有呼吸急促、大量分泌唾液、拱背、腹部膨胀等。

观察狗狗呕吐物的颜色，也可以稍稍推测发生了什么事，尤其当你必须转述病情给宠物医生了解时，就要详细地描述狗狗究竟吐了什么。若你的表达能力差，就请拍照，直接给宠物医生诊断。呕吐物常见的颜色有以下几种。

透明或白色

吐出透明或白色液体，有时候带一点泡沫，这主要是胃液，通常是因为消化不良或胃部疾病引起的。在狗狗狼吞虎咽及吃到异物时，胃部会本能地排除那些对身体不好的东西。先不用太担心，观察后续是否有不良反应，若没有，很快就会恢复。

黄黄、绿绿

呕吐物呈现黄黄绿绿的颜色，可能与胆汁及胃酸有关系，也反映肝、肾、胰脏及胃肠道出了问题。在吃了太多高脂肪的食物后，呕吐物也有可能是黄绿色的。若狗狗空腹太久，就会吐出黄色带有泡沫的液体，请帮它改为少量多餐来调整肠胃。

咖啡色

胃溃疡或十二指肠溃疡导致的胃部出血，呕吐出来会是咖啡色。不过狗狗的颗粒狗粮绝大部分也是咖啡色、褐黄色，所以需要观察一下吐出来的是食物还是胃液。如果单纯只是食物则可能是消化不良。

红色

血液在胃部混合一段时间后，颜色会变暗变沉，才会是上述咖啡色的状况。若是狗狗呕吐出鲜红色的液体，天哪，那就不用再观察也不要再犹豫了，快带它到医院去，这可能是急性出血的问题。

吐完之后该帮狗狗做什么

☑ 立刻清扫呕吐物

嗯，你们会说，这不是废话吗？但这真的不是废话。很多狗狗会把自己的呕吐物吃回去，而且是用迅雷不及掩耳的速度，让你傻眼。所以，当狗狗吐完后又有准备吃掉的迹象时，要立即清理，不要让它"回收废物"。

☑ 补充水分

持续的呕吐很容易让狗狗脱水，适当的帮它补充水分才能恢复身体机能。有一些观念是，为了防止狗狗继续吐所以应该禁食禁水，但某些疾病是不能禁止喝水的，若你有疑虑可以先请教宠物医生。若狗狗喝了水又吐出来，可以用滴管把水滴在口腔或牙龈上，都能让狗狗舒服很多。

☑ 少量多餐

黑麻薯生病的那段时间，非常频繁地呕吐，焦虑之下我也问过医生是不是应该先让麻薯禁食？医生告诉我，过去的传统观念的确是强调在呕吐后先禁食观察，但现代医学已经渐渐改变这样的做法。让胃部完全空着一段时间然后又突然放进食物，胃的负担反而很大，不如一点一点地让胃部慢慢运转。所以，医生让我用好消化的食物，以少量多餐的方式来帮助麻薯恢复体力。

☑ 减轻其焦虑

狗狗吐完，尤其是不小心吐在你心爱的沙发或物品上时，都会略显愧疚，这时候你不要失去理智、忙着抓狂，它已经身心难受。黑麻薯每次吐完之后，我并不忙着清理，而是先摸摸它、告诉它没有关系没有关系。减轻生病犬的焦虑，也是照顾中很重要的一环。

☑ 延缓洗澡

如果它不小心弄脏了自己的身体，先用温热湿毛巾帮它擦擦就好，不要急着拉它去洗澡。多数狗狗对洗澡的反应都是紧张的，先让它休息缓和一下，等身体恢复、不再呕吐时再去冲澡也不迟。

少量多餐是目前呕吐之后
自身能量恢复的新观念 ಿ

5. 肠胃炎 Let me alone, okay

肠胃炎，就是肠胃发炎，是一个范围有点广的疾病名称。造成肠胃炎的原因很多，从简单的吃坏东西到复杂的疾病并发症，都有可能。狗狗肠胃炎的症状与我们人相同，主要特征就是又吐又拉，且次数高达一天4~8次。小小欧小时候因为偷吃了我吃剩的大辣鸡排骨，结果一整天又吐又拉，身体虚弱、眼神哀怨，非常可怜，还去医院输了两天的液才康复。

狗狗为什么会肠胃炎呢

☑ 饮食问题

就像大辣鸡排骨事件一样，饮食问题是狗狗肠胃炎的一个很大原因，吃了不对或是坏了的食物都会引起问题。有时长期吃惯颗粒狗粮的狗狗忽然转换成鲜食时，也会因一时不适应而出现呕吐、腹泻的情况。其他如吃了变质或腐败的食物，暴饮暴食引起消化不良，误食有刺激性或有药毒性的物品等，也是导致肠胃发炎的原因。

☑ 心理问题

很多人都有过这样的经验，当精神紧绷、心情紧张时，就会开始腹泻，狗狗也是这样。若长期处于神经敏感、情绪紧张的状况下，慢慢地就会从肠胃开始出现状况。

☑ 营养不良

营养摄取不均衡或是长期营养不良的狗狗，肠胃道中的好坏菌比例失去平衡，肠胃变得脆弱、没有抵抗力，一旦吃进了稍具刺激性的食物就会马上诱发肠胃炎。

☑ 感染病毒、寄生虫或其他疾病

感染传染病或寄生虫时，因为该疾病而引发的肠胃不适。这种状况应先着重在把主要病因治疗好，才能从根本上治愈肠胃炎。犬瘟热、犬细小病毒、钩虫病、鞭虫病等，都有可能引发肠胃炎。

因为肠胃炎的诱发原因很多，所以当狗狗忽然呕吐、腹泻时，你可能会一时间不明白究竟是怎么回事。如果连你都不知道发生什么事，宠物医生也很难着手治疗。小小欧开始又拉又吐后，我环顾四周，发现垃圾桶旁边有被撕烂的鸡排纸袋且骨头行踪不明，因此我可以断定小小欧八九不离十是因为这件事而引发呕吐。所以当狗狗又吐又拉时，不要慌，先观察家中异状或想想最近有什么非常态改变，可以参考以下3点。

1. 环境

观察一下周围环境或回忆狗狗这两天接触过的人和事物，有没有什么食物、药品或是刺激性的东西被它碰触过？比如厨余垃圾、清洁剂、你在服用的药物、路边被丢弃的物品等。或是狗狗这几天遇到让它害怕、惊恐的事情，比如住进陌生的宠物旅馆？

2. 饮食

回想一下过去24小时甚至48小时内，狗狗吃过、喝过什么食物或药品。即使是再平常不过的东西都可以记录下来提供给宠物医生，因为说不定你的狗狗对某种食物过敏，但你却不知道。

3. 病史

若是因为病毒或寄生虫感染而引发的，就需要先知道是由什么疾病导致的，但有时候疾病本身的病征并不突出或是你没能看出来，那就需要想想狗狗过去曾发生过哪些疾病。比如曾被病毒感染（表示狗狗身体免疫力较差，这一次或许也是相同情况），这些都能提供给医生作为诊治参考。

找到原因后，接着要让医生知道狗狗现在是什么情况。当然呕吐与腹泻是很明显的症状，但其中还是有轻微与严重的区分，不同的症状，能让医生知道狗狗目前处于初期还是严重的后期，好加快治疗方式的确定。肠胃炎的初期与后期症状，我们可以了解一下。

肠胃炎初期

- 肚子有蠕动的声音，腹部感觉紧缩，腰背弯曲。若肚子痛的症状严重，狗狗会出现第171页的祈祷姿势。
- 大便不成形，软软稀稀的，后来甚至直接排出液体状便便。
- 一开始会吐出没有消化的食物，若持续呕吐，胃被清空后就会吐出白色泡沫或是黄黄绿绿的胆汁。

肠胃炎后期

- 持续的呕吐会导致脱水，请用第89页的方法检查狗狗是否已经脱水。
- 便便味道恶臭，伴随黏液或血液。若便便颜色呈深绿色或黑色，代表小肠出血。
- 身体虚弱，没有办法正常行走或站立。
- 身体发热，若是细菌感染，体温可以高达40℃左右。
- 心跳加快、眼白发红。

当病因与症状都让宠物医生充分了解之后，就请放宽心，医生会给狗狗最恰当的治疗，除了基本的止吐、止泻外，也会针对诱发原因给予药物或治疗。若狗狗已经到达脱水的程度，可以额外通过输液补充葡萄糖、维生素B_1、维生素C等。

一次严重的肠胃炎，会耗掉狗狗与我们许多精力与体力，甚至财力。当一只健康的狗狗误食不良的食物而引起肠胃不舒服，通常在很快的时间内（以我们家的众狗来说，大约是半天时间）就能自体修复完成。所以，如果你的狗狗总是反复出现肠胃炎并持续超过一天且状况严重的话，那么平时的预防与照顾就是我们的责任。

如何预防肠胃炎

☑ 检查饮食习惯

有没有给狗狗吃它不该吃的东西？不要因为它老是露出无辜祈求的眼神就心软让它吃你的食物。记录狗狗吃过哪些东西后容易肠胃不适，避免那样的地雷饮食。此外，注意检查颗粒狗粮是否变质，夏天饮食是否不干净，狗狗是否爱暴饮暴食，纠正它与你的坏习惯，从日常入手断绝肠胃炎的发生。

☑ 保持自身与环境的清洁

定期帮狗狗洗澡、不时清洁狗狗生活环境、外出时紧盯不让狗狗乱吃东西，对这些小细节多加注意，尽可能避免因细菌或寄生虫感染导致的肠胃炎。

☑ 定期驱虫与打疫苗

还记得第3部分我们聊到怎么帮狗狗维持健康吗？定期驱虫与打疫苗，良好的运动与日常照顾，这些健康措施都能增强免疫力，免疫力强大了，就能快速自我修复，也能抑制不适症状变得更严重。

☑ 补充益生菌

可以考虑补充狗狗专用益生菌，除了可以让有益肠胃的好菌增加，也能够慢慢调整容易生病的体质。

6. 皮肤病

Handsome O. & Miserable little O.

光鲜亮丽的帅气麻薯 &

总是惨兮兮的小小欧

心理严重影响生理的小小欧，有一阵子皮肤老是出问题，在帅气、乌黑的黑麻薯旁边，小小欧活像个坏掉的沙发，非常凄惨。

狗狗的皮肤病是个很常见但又很麻烦的问题，轻则轻、重却又可以很重，一旦皮肤出现状况就需要颇长的时间慢慢治疗调养。虽然一些日常的照顾可以减少皮肤病发生，但在低纬度地区多雨闷热的气候里，每只狗狗的一生或多或少都会遇上1次皮肤疾病。

皮肤病的发生原因很多，从气候到环境、从饮食到寄生虫，都有可能引发皮肤问题，且种类相当繁复。不同的皮肤病会有不同的病征与治疗方法，这里我挑了3种较常见的皮肤病来介绍，但这终究只是庞大皮肤病种类中的极少数，狗狗皮肤发生状况时，还是要请宠物医生仔细检查后对症下药。

不过，所有皮肤病发生时，狗狗会有一些共同征兆与进程。

● **这里痒那里痒**

虽然抓痒是狗狗的日常，要它不抓也难。但如果过度且持续不停的瘙痒（有时候会仅局限某个部位），且强度越来越大，那就请一寸一寸翻开狗狗的毛，检查皮肤状况。

● **皮肤红疹或异常**

许多皮肤病的初期，都是从红疹开始。如环境潮湿造成的湿疹、花粉带来的特异性皮炎、尘螨引发的疥癣症等。尤其有高达30%的狗狗有特异性皮炎，都是因为红疹而被发现。如果红疹不被重视，之后皮肤状况很容易每况愈下。

● **不停的舔舐**

皮肤痒痒或开始异常，狗狗会下意识地不停舔舐该部位。最常见的是，罹患趾间炎的狗狗，因为肿痛，会一直舔舐脚趾之间的部位，借此你就能发现狗狗的皮肤问题。

● **大量或大面积掉毛**

放任狗狗舔舐已经出问题的皮肤并不是一件好事，唾液中的细菌会让皮肤病更严重，一旦恶化，掉毛就会是下一个显著的病征。有时单纯由跳蚤、壁虱叮咬引起的皮肤问题，也会有掉毛的情况。

● **难闻的体味**

当皮肤有伤口或溃烂时，狗狗身体就会散发出浓厚的体味，甚至是臭味。大家务必注意不要让狗狗的病情恶化到这样的地步，发出难闻味道的程度，狗狗本身已经很不舒服了。

特异性皮炎

特异性皮炎，是指对某种物质产生过敏反应而导致皮肤发炎，是一种无法根治的自体免疫疾病。当气温25℃以上、湿度达到70%就是过敏原滋生的最佳条件，而很多低纬度地区就是这样的温床。狗狗特异性皮炎约有10%来自食物，如麸质、牛肉、牛奶等；其他90%的过敏原主要还是尘螨、霉菌、花粉或昆虫皮屑这类在空气中飘浮的物质。所以，说到这里就明白为什么特异性皮炎无法根治，因为你或许可以控制过敏食物来源，但很难清除那些空气中的过敏原，因此这种皮肤病强调的是"控制"，而不是"根治"。

特异性皮炎常发生的季节

1. 梅雨季
雨水滴滴答答个没完的梅雨季，再加上渐渐上升的气温，在温度与湿度都完美达标的条件下，特异性皮炎就会大肆发作。

2. 入秋时节
年底10月、11月入秋时，有时湿湿凉凉的东北季风报到后，秋老虎又洒下热乎乎的阳光，这样忽暖忽凉、闷热潮湿的天气，若再加上不通风的环境，狗狗就很容易发生特异性皮炎。

3. 温差变化大的初春
冬天的尾巴还在，春天乍暖还寒，一下冷、一下热、一下干、一下湿，别说是狗狗了，过敏体质的人在这个时期也很容易犯皮炎。

特异性皮炎怎么治疗啊

就像刚刚说的，这是一种无法根治的自体免疫性疾病，没有一个显而易见的感染源可以让我们去消灭，因此只能加强对狗狗身处环境的控制。当然严重的特异性皮炎还是有一些药物可以治疗，但不仅耗费时间也耗费金钱，对我们来说可能是一个不小的负担。

☑ 减敏疗法

宠物医生会先做检测，找出狗狗吸入性过敏原——也就是飘浮在空气中的过敏原，然后将这个过敏原从低浓度开始，定期渐进式注入狗狗身体内，从源头调节过敏反应，降低敏感度。整个治疗前后约需要2年时间且费用昂贵，最重要的是并不是所有狗狗都适合这个疗法，需要经过一连串评估后才能进行。

☑ 免疫抑制剂

免疫抑制剂是用药物的方式来达到免疫调节，目前特异性皮炎最主要的治疗方式也是它。免疫抑制剂的种类很多，传统上常使用类固醇和环孢素，近几年则有安痒快和安逸肤的止痒剂加入。每一种药品对过敏的抑制方式与阻断效果都不同，费用差异也很大，最主要还是要根据狗狗的过敏状况请宠物医生评估该使用哪一种药物，我只能简单介绍主要药品，供初步了解。

☑ 环境控制

于外，在花粉多的季节，减少狗狗外出的时间；于内，使用可以过滤尘螨的空调来保持室内空气的干净与干燥。狗狗睡觉的软垫或被子应增加更换频率或定期使用尘螨机来杀除尘螨，其他如抗菌地板清洁剂、空气净化器都能一起加入防过敏大战。但比较让人难过的是，环境控制只能尽可能减少过敏来源，无法完全阻止过敏发生，所以我们的耐心与毅力很重要。

☑ 食物控制

虽然食物引起的特异性皮炎只占10%，但若你的狗狗是因为食物才引起皮炎，那真的要恭喜你了，因为只要找出导致过敏的食物来源，然后坚决不让狗狗吃到，就没问题啦！

霉菌感染

与特异性皮炎多发的条件相同，高温高湿的环境也是霉菌滋生的大好温床。闷热潮湿的夏日梅雨季，对多毛的寒带狗狗而言比较难过，多层毛刚好能让霉菌有良好的生长环境，皮肤问题就会悄悄出现。让人欣慰的是，霉菌感染若发生在狗狗身上，只要狗狗免疫力不是太差，一般都局限在某一小部分，不太会全身性大面积感染；但让人痛苦的，霉菌感染是人畜共患的皮肤病，如果你抱着感染霉菌的狗狗，然后刚好身体又流汗湿热，那么霉菌就会搬家到你身上。

霉菌感染症状

发生在狗狗身上

狗狗因为有毛遮盖，霉菌感染后其实不容易被发现。被感染的地方通常呈圆形或外围不规则形状，没有很明显的脱毛现象，有时会出现红斑、鳞状皮屑。

发生在人身上

因为是人畜共患，很多时候是狗狗主人先出现症状了，查来查去才知道是被整天抱着的狗狗所传染。当你身上出现很痒又慢慢变大的圆形红疹，中间脱屑、四周凸起红肿，严重一点还会有水泡、分泌物与刺痛感时，就要怀疑是不是被宠物传染了。

常发生霉菌引起的皮肤病的几种情况

1. 环境潮湿

除了高温高湿气候外，很多公寓大楼的环境都不宽敞。狭小的空间里首先要挤进基本家庭人口，其次要塞好所有家庭物品，然后才有狗狗的活动空间。我曾租过一间市区老公寓当工作室，楼下的家庭，在仅仅18平的地方住着一家四口和两只大大的黄金猎犬，噢，想必很拥挤。在这样的条件中，狗狗因为环境霉菌而引起皮肤病的情况就很常见。

2. 皮肤潮湿

若狗狗身处的环境阴湿，总是晒不到太阳，黏湿纠结的毛很容易滋生霉菌。在经常下雨的日子就要提高警惕，把毛翻开用指腹感受狗狗的皮肤是否有点湿热。若是，夏天用电风扇、冬天用吹风机帮它去除水气。注意保持狗狗睡觉位置的通风，狗窝里的垫子或布褥应常更换清洗。

3. 抵抗力差

幼犬、老年犬、病犬，当狗狗抵抗力较弱时也容易让霉菌趁虚而入。

霉菌感染后约需要4～6周的治疗时间。药膏、内服药、外用洗剂都有，使用哪一种要视感染严重程度而定。要留意的是，口服霉菌药对狗狗的副作用比较多，且也较伤肝。如果可以，请从日常清洁做起，不要让狗狗遭受霉菌之苦。

平时怎么预防狗狗霉菌感染

☑ 居家除湿

如果居家环境真的无法做到通风，那请使用除湿机，低湿的环境可以抑制霉菌滋生。市面上也有温度湿度计，买一个放家里，随时注意让家中湿度保持在40%左右。

☑ 洗澡后务必吹干

狗狗洗完澡或玩完水后，请务必帮它吹干。很多主人喜欢让狗狗自行甩干，如果是夏天且在通风良好的环境倒还可以，若气候、环境条件不佳，请一定要吹干。

☑ 多多晒太阳

紫外线是最好的杀菌剂，平时多带狗狗外出运动、晒太阳，除了保持毛干燥外，还能增强抵抗力，一举多得。

☑ 用漂白水清洁环境

每2个星期用稀释的漂白水消毒居家环境与地板，漂白水与水稀释的最佳黄金比例是1：100。为了避免狗狗舔舐地板时舔到漂白水，用漂白水消毒约10分钟后，记得再用清水擦拭一次。

疥癣

疥癣是因为疥癣虫寄生在狗狗皮肤上而引起的皮肤病。它的传染性非常高，狗狗一旦感染就会快速扩及全身，而且伴随剧烈的瘙痒与脱毛。疥癣虫不像壁虱可以徒手抓掉，它非常非常细小，我们肉眼没办法看见，宠物医生也要靠显微镜才能确认疥癣虫存在。

小小欧初来乍到时，因为陌生环境与黑麻薯欺压的巨大压力，身体状况很差，有一阵子脱毛非常严重并抓得厉害，就医后才知道是疥癣感染。感染疥癣的狗狗，整体状况就很像我们常揶揄的"癞痢狗"，这里一块、那里一块，不仅毛稀疏还会发出臭味。原本心情就很差的小小欧，因为疥癣带来的身体不适与外表被糟蹋，让它整个狗笼罩在悲惨与绝望里，极度失意。

疥癣虫症状常出现的部位

初期会从耳缘、四肢关节处开始发生，
有时候也会在脸部及腹部发现。

耳朵边缘

四肢关节弯曲处

疥癣虫带来的症状

剧烈瘙痒、遍布红点、患处脱毛、
患处因为皮痂而感觉皮肤变得厚硬

我印象最深的，除了瘙痒与脱毛外，那些被疥癣虫啃咬的皮屑、皮痂，会像鱼鳞片一样变成一片一片、一层一层的白色毛屑，然后卡在小小欧的毛上。当我想用梳子把皮鳞片（这名词是我自己取的）梳下来时，小小欧会感觉疼痛，会哀叫。所以后来是让皮鳞片自然代谢脱落，但因为这样，小小欧整个外观显得好凄惨……

因为每隔3～10天，疥癣虫就会由虫卵孵化为幼虫，所以治疗过程需要3～4周，涵盖整个疥癣虫的生命周期，才能把病根除。小小欧去宠物医院检查时，宠物医生除了刮下皮屑用于检查外，还表演了一个很有趣（在我看来很搞笑）的小实验。

用食指和拇指抓住小小欧左边耳朵的外缘揉搓，小小欧的左腿会反射性的
去抓左耳朵；当改揉搓右耳时，它又会用右腿去抓右边耳朵。

医生说这是耳缘后肢反射动作。如果你怀疑狗狗感染疥癣，或许可以试试看～

感染疥癣怎么办

☑ **遵医嘱**

因为有潜在虫卵孵化的问题，所以在用药上有间隔与流程要求，不管是注射杀虫药剂还是使用药膏、药浴，都应与宠物医生确认使用次数与方法，才能在最短的时间内根除狗狗身上所有的疥癣虫与虫卵。

☑ **剃毛**

如果疥癣虫已经蔓延到狗狗全身，医生会建议把毛都剃除，然后使用能去角质的洗毛精除去皮痂，之后再使用杀虫药剂，这样才能彻底去除顽固的疥癣。

☑ **消毒**

狗狗这段时间穿过的衣物、项圈、睡过的毯子等，应用煮沸的热水清洗消毒。其他物品如果无法过水煮沸的，可以放在太阳下静置曝晒2周时间，确保疥癣虫虫卵死亡。

☑ **隔离并避免集聚**

疥癣也是一种人畜共患的皮肤疾病。如果家里还有其他宠物或抵抗力较弱的孩子、老人，请把被感染的狗狗隔离起来，并且不要和其他宠物共用物品，当然，也暂时不要让狗狗上沙发和床啦。治疗期间，尽量别让狗狗到公园、宠物旅馆等有很多狗狗聚集的地方，以免让高传染力的疥癣就这样传出去、危害他狗。

特异性皮炎、霉菌感染与疥癣虫感染是狗狗很常见的3种皮肤疾病，但并不是说除了这3种，发生其他皮肤病的机会都很低。如同本部分一开始所说，每只狗狗可能会因为它的体质与生活环境而出现各种不同的皮肤症状，如皮脂漏症、趾间炎、皮囊炎、酵母菌感染，甚至皮肤肿瘤等，种类非常多。所以一旦狗狗的皮肤似乎出现异常且迟迟没有好转，请带它让宠物医生妥善治疗。但不论是哪一种皮肤病，当狗狗患病后，有两个共同的措施，我们必须立刻去做。

皮肤病发生后，该立刻做的两件事

1. 戴上伊丽莎白圈

养狗狗的人都知道什么叫伊丽莎白圈，也都能会心一笑。伊丽莎白圈，其实就是防抓咬保护脖套。它是一种戴在狗狗脖子上，防止狗狗去啃、咬、舔自己受伤部位的保护性医疗器材，因为戴上去后很像伊丽莎白时代的女性在脖子上那一圈如喇叭一般的环状脖套拉夫领而得名。早期的伊丽莎白圈只有类似白色塑胶片卷起来的款式，但现在的伊丽莎白圈已经有各式各样的造型。总之，不管是什么样子的伊丽莎白圈，狗狗发生皮肤疾病之后，帮它挑一个戴上吧！

2. 对环境进行彻底清洁与消毒

大部分的皮肤病，若出现伤口，还是会建议暂时不要碰水和洗澡。但因为许多皮肤病种类都有传染性，甚至人畜共患，所以这时候就需要对环境做彻底的清洁与消毒。另一个需要立即清扫环境的原因，是为了避免狗狗重复感染相同的病原体如寄生虫、霉菌等而让病症迟迟无法好转。

当然，感染皮肤病后的治疗是亡羊补牢（不要小看皮肤病，有些抵抗力弱的狗狗会在皮肤感染后逐渐恶化以致死亡），在亡羊之前，有一些平日里我们可以帮狗狗预防皮肤病的方法，有事没事就做一下，这样纵使狗狗真的不小心出现皮肤疾病，也能快速战胜。

怎么预防皮肤病

☑ 春夏蚊虫防护

壁虱、跳蚤、蚊子也是引起狗狗皮肤问题的大宗凶手。这些蚊虫不仅会造成皮肤伤口，还会引发过敏、气喘。春末夏初，寄生虫大量出现的季节，不要忘了定期驱虫。

☑ 常常梳理被毛

狗狗的被毛总是掩盖了皮肤病的征兆，有事没事多帮它梳理被毛，在梳理的过程中就能发现早期皮肤病问题。且多多梳理被毛，还能促进新陈代谢、增加抵抗力，所以这个小动作真的对健康很好。

☑ 适时洗澡

也就是根据季节、气温、外出活动量来调整洗澡次数，如果已经忘记该怎么调整，请往前翻翻洗澡的章节。间隔太长才洗澡的坏处，大家比较清楚，但也不要为了预防皮肤病就天天把狗狗抓去洗。洗澡次数太过频繁会洗掉狗狗身上的油脂，导致皮脂膜受损。皮脂膜是狗狗身体的天然保护层，把它洗掉了，等于洗掉保护功能，防御力自然就下降，然后发炎、过敏也会跟着来。

☑ 补充皮肤保健食物

除了上面提到的日常预防外，吃下肚子的东西更能直接从身体上反映出来。有一些食物营养素，对皮肤的保健与修护有很棒的功效，希望大家卷起袖子，1周1次，给狗狗做一顿皮肤保健餐。

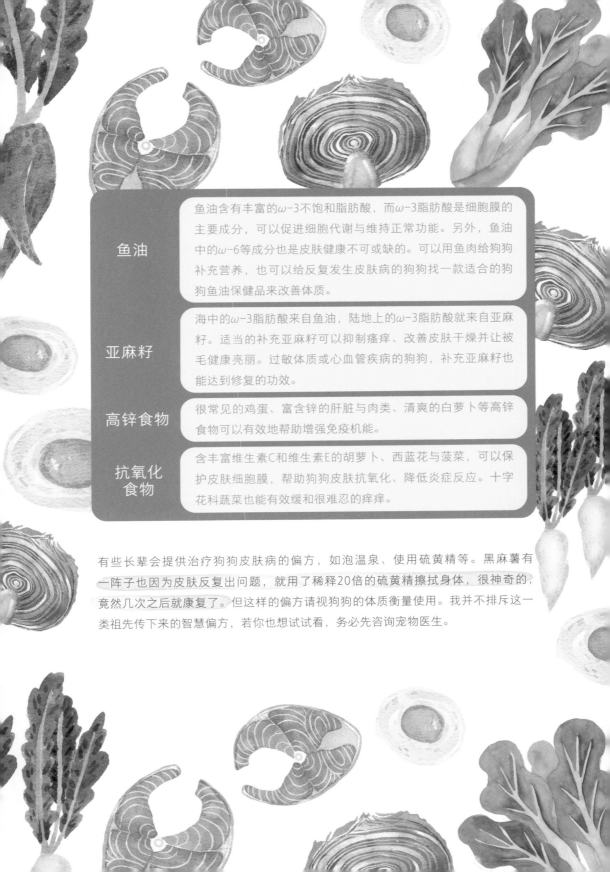

鱼油	鱼油含有丰富的ω-3不饱和脂肪酸，而ω-3脂肪酸是细胞膜的主要成分，可以促进细胞代谢与维持正常功能。另外，鱼油中的ω-6等成分也是皮肤健康不可或缺的。可以用鱼肉给狗狗补充营养，也可以给反复发生皮肤病的狗狗找一款适合的狗狗鱼油保健品来改善体质。
亚麻籽	海中的ω-3脂肪酸来自鱼油，陆地上的ω-3脂肪酸就来自亚麻籽。适当的补充亚麻籽可以抑制瘙痒、改善皮肤干燥并让被毛健康亮丽。过敏体质或心血管疾病的狗狗，补充亚麻籽也能达到修复的功效。
高锌食物	很常见的鸡蛋、富含锌的肝脏与肉类、清爽的白萝卜等高锌食物可以有效地帮助增强免疫机能。
抗氧化食物	含丰富维生素C和维生素E的胡萝卜、西蓝花与菠菜，可以保护皮肤细胞膜，帮助狗狗皮肤抗氧化、降低炎症反应。十字花科蔬菜也能有效缓和很难忍的痒痒。

有些长辈会提供治疗狗狗皮肤病的偏方，如泡温泉、使用硫黄精等。黑麻薯有一阵子也因为皮肤反复出问题，就用了稀释20倍的硫黄精擦拭身体，很神奇的，竟然几次之后就康复了。但这样的偏方请视狗狗的体质衡量使用。我并不排斥这一类祖先传下来的智慧偏方，若你也想试试看，务必先咨询宠物医生。

7. 胰腺炎
A frightening thing

一开始是碗里都还剩着食物，后来就什么都不吃了。

在我搬回花园小屋，与双欧一起生活1年后，麻薯15岁了。我知道对一只狗狗来说，这已经是个很大的年纪，但黑麻薯一点也看不出老态，仍然活力四射、精力旺盛。回想起来，唯一的变化，就是原本一身乌黑亮丽的毛从下半身开始慢慢变黄。那是一个信号，但那时候的我，却一点也不知道。我一直觉得它应该能再陪我好多年，活到18岁也不会有问题。

那年的9月初，还很热，黑麻薯的碗里开始剩食物。我想，是因为天气热、年纪大、胃口差吧。但除了碗里的剩饭外其余毫无异状，且对零食还兴趣盎然，我也就不那么在意。9月中旬，不再只是碗里剩食物，而是在闻闻嗅嗅舔舔后，整碗的食物一点都不动。但因为先前有过好几天的厌食，再加上还会吃点零食，所以我与碗里的食物一起耐心等待，1天、2天、3天、4天……然后它连零食都不吃了！

不吃"饭"是一个让人忧虑的问题、不吃最爱的零食是一件让人惊恐的事。这时候身边许多人都出来告诉我："狗狗老了不吃东西很正常，不要太忧虑""狗跟人一样都会有不吃东西的时候，过一阵子就好了""黑麻薯很老了啊，可能时候到了，顺其自然就好"。我一直带着动物天生天养的心情与家中七只狗狗相处，面对这些声音，我想着自己是不是该调整心情接受麻薯即将离开。如果只是生病呢？万一一直不吃东西明天就走了呢？说不定只是又一次厌食，可以再等等看吗？我心乱如麻。

几天后，我带麻薯外出散步，发现它蹲下身体表现出很想便便，但却怎么也拉不出来的时候，我深呼吸，抱起它，转身直奔宠物医院。

经过触诊、听诊、问诊、血液检查，都没问题后，医生要我静候一下，过了约20分钟，他拿出一个小小的、白色的快筛试片，告诉我，黑麻薯是胰腺炎。

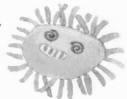

胰腺炎，就是胰腺发炎。胰腺是体内负责控制血糖及分泌消化酶的器官，胰岛素、胰高血糖素、胰蛋白酶、胰脂酶等都由它来掌管。身体要维持正常运作，胰腺负有很大责任。如果胰腺发炎，那连带的消化系统、内分泌系统都会跟着出问题。因此，如果狗狗罹患胰腺炎，往往会合并许多其他器官的并发症，致死率很高。胰腺炎有先天与后天之分。

先天性胰腺炎

先天性胰腺炎源自于狗狗胰腺本身分泌的胰蛋白酶不正常活化，是遗传上的突变。有些品种的狗狗特别容易罹患这个疾病，如：迷你雪纳瑞、约克夏、可卡犬、拳师犬、可丽牧羊犬等。大型犬如拉布拉多、哈士奇也易患先天性胰腺炎。

后天性胰腺炎

人类的胰腺炎，大家应该都知道一点。每当过年过节、大吃大喝之后，有许多人就会因为胰腺发炎到医院报到，其实狗狗也是如此。国外有研究，每当感恩节、圣诞节，也就是火鸡大餐与烤鸡大餐的日子过后，宠物医院就会开始处理许多狗狗胰腺炎的病例。在中国也是，过年围炉、中秋烤肉之后，就是狗狗胰腺炎的高峰。原因是喜欢一起同乐的我们总会把大餐分一点、分一点给在一旁焦急等待的狗狗享用，而这一点、一点却不知不觉早已超过狗狗可以摄取的脂肪量，当它的消化能力比较差时，胰腺炎就发作了。所以幼犬、老年犬或疾病中的狗狗，也都容易发生胰腺炎。当然狗狗发生胰腺炎的原因，并非只有"吃"这一件事，但可以确定的是，它们的胰腺炎与饮食有很大关系，也就是说：比起狗狗乖乖吃自己的食物，吃人类吃的食物引发胰腺炎的概率要高很多。

胰腺炎的常见发生原因

☑ **饮食**

- 长期摄取过油、高脂食物。
- 平时都吃狗粮或低脂食物，忽然吃高脂食物后刺激胰腺发炎。
- 暴饮暴食、进食量过大，都会让胰腺因过度运转而引起发炎。

☑ **药物**

- 目前知道有些药物会诱发胰腺炎，如抗癫痫药物、化疗药物等。

☑ **外伤或麻醉**

- 当大量且急速失血时，身体脱水与低血压会造成胰腺缺血、感染。这常发生在出车祸或外力损伤的狗狗身上。
- 麻醉的情况也略同。全身麻醉时的低血压，也会使胰腺缺血，引起发炎。

☑ **其他疾病**

- 罹患糖尿病、肾上腺功能亢进、甲状腺功能减退等慢性疾病可能诱发胰腺炎。
- 肝脏、肾脏功能不好会影响胰腺的功能。
- 有少数案例是因为肿瘤疾病而并发胰腺炎。

☑ **生活习惯**

- 总是不爱活动、运动，整天躺着不动，身体机能代谢缓慢容易引发胰腺炎。
- 体脂肪高的肥胖狗狗也容易发生胰腺炎。

☑ **易患病品种**

- 如果你的狗狗是前面提到的易患病品种，一定要特别注意它的饮食与生活习惯。

据说，罹患胰腺炎会非常非常疼（我的天……麻薯……），但因为狗狗很能忍痛（动物本身自我保护的习性）且不会说话，所以当我们发现问题时，往往都已经很严重了。黑麻薯究竟是什么时候开始发作，已经很难追究，到了无法进食的程度，我想它已经很疼很疼……每每想到这里，我心里的痛实在无法言喻。还有一种说法是，与主人感情亲密的狗狗，为了不让主人担忧，会尽可能隐藏自己的身体不适。

胰腺炎的症状

☑ 食欲极差

什么都不想吃、什么都吃不下，或是连最爱吃的东西都浅尝即止。因为肚子里已经很疼，根本就没有食欲，这通常是胰腺炎的第一个症状。但狗狗常常有不吃东西的时候，如发情、季节性厌食或是吃坏肚子自体修复时期，所以我们几乎不会第一时间把"不吃东西"与"胰腺炎"联系在一块，于是错失早期治疗的时机。

☑ 排泄不正常

大家或许在许多资料中看到胰腺炎会有腹泻的病症，可是黑麻薯一开始时却是大便拉不出来。为什么我会发现它的身体出问题，除了食欲极差，还有外出时它会做出排便的动作（代表它是想便便的）但是却完全没有东西出来。于是，我就带黑麻薯去就医了。在治疗期间，会有极少量的排泄物，但不管是形状还是颜色都很让人揪心，总是呈现糟糕的血便或黏液状态。

☑ 疼痛表现

大家还记得前面提到的祈祷姿势吗？大部分腹部疼痛的狗狗都会有这样的表现，但每只狗狗的状况都不尽相同，黑麻薯就没有出现祈祷姿势，但可以明显感觉到它很不舒服，常常卷曲着身体，虚弱无力。此外，拱背、肢体僵硬都能列入需要注意和观察的"黑名单"。

急性胰腺炎与慢性胰腺炎的差异

急性胰腺炎

症状来的很突然且剧烈，不过可以在短时间内控制病情。急性胰腺炎很多时候会转变为慢性胰腺炎，这样的狗狗纵使康复，未来反复发作的概率仍会比较高。

慢性胰腺炎

低度且缓慢的发炎，整个病症会持续2~3周以上，不容易被察觉。

最让人害怕的不是胰腺炎本身，而是它带来的其他并发症。因为胰腺炎死亡的狗狗，大部分都死于并发症，致死率高达30%~50%。胰腺四周有许多重要的器官，一旦它发炎，很容易波及其他器官而引发如腹膜炎、肠胃炎、败血症、器官衰竭等疾病。纵使狗狗本身的胰腺炎已经被控制住，但其他并发症却会让它很难再恢复健康。黑麻薯生病后期，应该也是因为并发症而无法挽回。为什么说"应该"呢？那是一段很揪心的路程，后面与大家分享。如果是胰腺炎发病初期或是慢性胰腺炎，我们的确很难直接断定狗狗就是得了这个疾病，当时我也只是因为黑麻薯吃不进、拉不出才去就医。医生利用一个简单快速的方式筛查，马上就查出是胰腺炎。

SNAP cPL 检测套组（犬胰腺炎快速检测试剂）

检测胰腺炎的方式很多，但因为这是一个涉及许多器官的疾病，所以血液检查或是侵入式的切片检验都不尽理想，后来美国爱德仕（idexx）公司就推出了这个只要在就诊时抽血然后等待20分钟就能精准判别胰腺炎的检测方式。

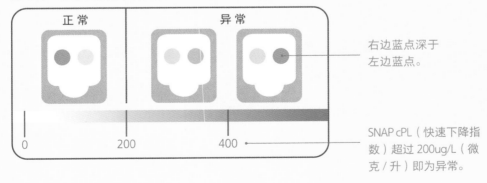

右边蓝点深于
左边蓝点。

SNAP cPL（快速下降指
数）超过 200ug/L（微
克/升）即为异常。

胰腺炎的治疗

虽然治疗是医生的事，无论我们多么焦急也很难帮得上什么忙。但在这里我还是想把治疗方式给大家做个简单介绍，原因是，狗狗无法发言，很多时候，当宠物医生要进行某一项处理或治疗时，必须先问主人的想法并征求同意。我印象很深，当时医生问得最多的问题是："你现在想要怎么做？"妈啊！我怎么知道我要怎么做？如果我们大脑一片空白，那治疗就很难进行下去。就我与麻薯当时的经验，胰腺炎没有专门医治的药物（希望你阅读的时候已经有治疗药物了），大部分只能靠支持疗法与对症治疗。意思就是，头痛医头、脚痛医脚，剩下的交给狗狗自身来恢复。所以，此时你对狗狗的观察就很重要，它有没有呕吐？大便什么形状？什么颜色？感觉肚子痛吗？食欲不振吗？

☑️ 对症治疗

狗狗因为发炎疼痛而无法进食，没有足够的能量就无法对抗疾病。所以必须率先抑制发炎与疼痛并且及时止吐。根据狗狗的症状，医生会给用消炎药、止痛药、止吐药或止泻药。黑麻薯到后期，许多药物的成效已经不大，因此医生另开促进食欲的药物帮助黑麻薯进食，好补充营养、积蓄能量。

☑️ 皮下或静脉输液

因为严重的呕吐与腹泻会导致脱水，无法进食则会电解质不平衡。这时需要利用皮下或静脉输液来补充水分、电解质及需要的营养素。这种方法是先把狗狗因为疾病而流失、缺少的东西赶快先补回去，这样狗狗才能有基本体力慢慢恢复元气，因此皮下或静脉输液也就是我们常说的支持疗法。

☑️ 营养支持

对症治疗并输液后，还要帮狗狗补足营养才能修复伤害，可以请宠物医生推荐适合的处方狗粮，或是选择低脂肪含量的营养膏。

☑️ 其他药物

部分宠物医院会提供胰腺酶活性抑制药物，帮助狗狗减少流入血管内的胰腺酶，以减低炎症反应。不过这类药物要视狗狗的情况评估后使用，且通常费用都较昂贵。

治疗过后该怎么照顾狗狗

☑ **把你的手"剁掉"**

如果狗狗罹患胰腺炎的原因是你老拿自己的食物给它吃，又不帮忙控制好油、盐、糖，请改掉你的坏习惯，改不过来就"剁"了自己的手吧。

☑ **少量多餐**

刚从胰腺炎中恢复的狗狗，肠胃功能可能还没有完全康复，应以好消化的食物为主，少量多餐。

☑ **低脂少油**

除了医生建议的处方狗粮外，可以加一些鲜食协助补充营养，但记得一定要低脂少油。低脂的衡量可以参考：颗粒狗粮的粗脂肪低于17%、罐头或鲜食的脂肪含量低于20%。另一方面，不能因为胰腺炎是由油脂引发，所以就极度控油，天天给白饭白粥，狗狗还是需要适当的脂肪来保持体内机能正常运作。

☑ **维持良好饮食习惯**

急性胰腺炎很容易转变为慢性胰腺炎或间歇性胰腺炎。黑麻薯当时在很短的时间内，胰腺炎指标反复超标。所以良好的饮食习惯必须坚持下去，不要因为狗狗活蹦乱跳了就又给它垃圾食物。咦？你的手还没有剁掉？

☑ **保持良好生活状态**

不爱动、肥胖的狗狗很容易罹患胰腺炎。维持足够的运动量、保持身心愉快，这些都是增强抵抗力、抵御疾病的最好措施。

☑ **细心观察、提高警戒**

如果你的狗狗是易患病品种或曾经得过胰腺炎，那未来发作的可能性就较大。平日细心的观察，有疑似症状就可以请宠物医生利用快速方便的SNAP cPL 做检测。

来自乡间的眼部寄生虫

虽说疾病出现不分地区、不分品种、不分贵贱，有命就可能有病，但生活在不同的环境，的确有可能会出现该环境带来的特定疾病。养狗的过程充满惊喜与惊吓，读万卷书也不如亲身经历一次来得深刻。

来自乡间的眼部寄生虫

在忧郁期那段时间，小小欧除了被毛枯黄、神色憔悴、感染惨兮兮的疥癣外，连眼睛都出问题。

那时我在外地工作，每隔1～3个星期才能回花园看看双欧。一开始只觉得小小欧怎么一直有眼屎。检查眼睛没有受伤、没有异物也就没有放在心上。隔一段时间我再次回乡时，感觉小小欧的眼屎更多了，想着会不会是家人偷偷给它吃了什么食物导致火气旺盛才这样，所以唠叨家人几句之后恳求他们严格控制双欧饮食，我又驱车离开。又隔一段时日后我再一次回到花园，发现它这一次的眼屎量不仅是多，还像黏液一样黄黄绿绿，非常浓稠。

我百思不得其解，吃一样的食物、睡一样的床垫、玩一样的羞羞脸骑跨，黑麻薯也没有这样。满心疑惑中把小小欧抓来仔细检查，翻开上下眼皮、对着光线细细查看，然后，我看见了……这……这……这是虫吗？白色的、细细的、一条一条的，钻、来、钻、去……我从来从来都没见过这样的东西、也从来从来都不知道狗狗的眼睛会长虫！一开始我试图用棉花棒把虫虫弄出来，但发现完全没有办法后，立马一把把小小欧抓起来，迅速前往宠物医院。推开门后，我大叫："有虫！"。与我的惊恐和慌张截然相反，医生显得从容自在，幽幽地说："噢……又是这个啊！"，我心里想"又？"。

翻开眼睑后，可以看到有许多细小、白色的线虫在蠕动。它们会不停移动，有时在上眼睑、有时在下眼睑、有时一整坨躲在眼角。奸诈狡猾。

① 那是什么虫

结膜吸吮线虫。一种乳白色、体表有像蚯蚓一样的横纹、体长在6~18毫米的虫虫，是果蝇产卵后孵化而成的线虫。

② 为什么会有这个虫

这种虫并不是狗狗身体里面长出来的，而是果蝇被眼睛分泌物吸引，飞到狗狗眼睛的眼结膜和瞬膜处产卵导致。但是，并不是只有狗狗

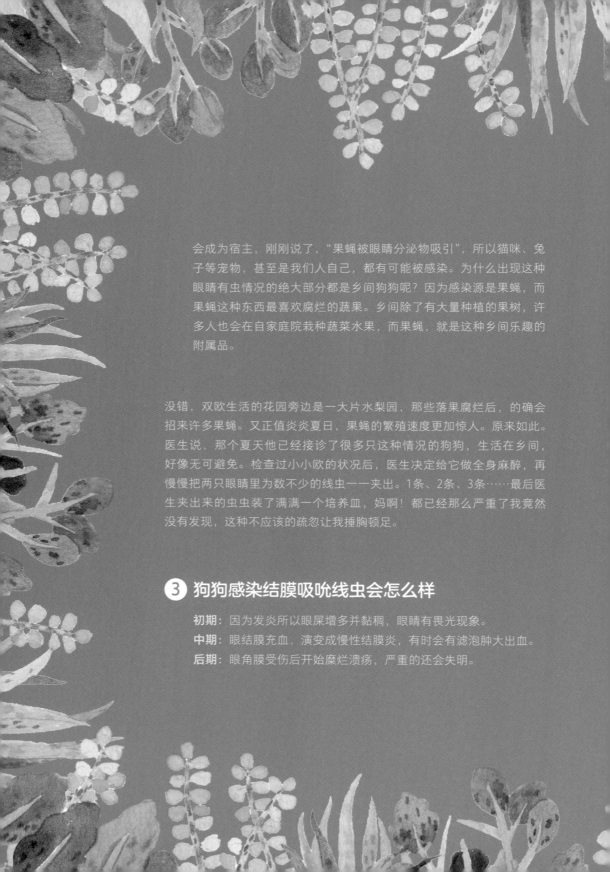

会成为宿主，刚刚说了，"果蝇被眼睛分泌物吸引"，所以猫咪、兔子等宠物，甚至是我们人自己，都有可能被感染。为什么出现这种眼睛有虫情况的绝大部分都是乡间狗狗呢？因为感染源是果蝇，而果蝇这种东西最喜欢腐烂的蔬果。乡间除了有大量种植的果树，许多人也会在自家庭院栽种蔬菜水果，而果蝇，就是这种乡间乐趣的附属品。

没错，双欧生活的花园旁边是一大片水梨园，那些落果腐烂后，的确会招来许多果蝇。又正值炎炎夏日，果蝇的繁殖速度更加惊人。原来如此。医生说，那个夏天他已经接诊了很多只这种情况的狗狗，生活在乡间，好像无可避免。检查过小小欧的状况后，医生决定给它做全身麻醉，再慢慢把两只眼睛里为数不少的线虫一一夹出。1条、2条、3条……最后医生夹出来的虫虫装了满满一个培养皿，妈啊！都已经那么严重了我竟然没有发现，这种不应该的疏忽让我捶胸顿足。

③ 狗狗感染结膜吸吮线虫会怎么样

初期： 因为发炎所以眼屎增多并黏稠，眼睛有畏光现象。
中期： 眼结膜充血，演变成慢性结膜炎，有时会有滤泡肿大出血。
后期： 眼角膜受伤后开始糜烂溃疡，严重的还会失明。

这些白色的虫虫活动力很强，会在眼结膜处疯狂蠕动。除了让眼睛瘙痒不舒服外，动来动去的摩擦，对脆弱的结膜会造成严重伤害。医生把小小欧眼睛里的虫都清理干净后，为了避免还有虫卵寄生，所以后续还要定时滴眼药水。幸好小小欧的眼睛没有造成损伤，有了那一次的经验教训之后，有事没事我就会翻开它的眼皮细细追查是否有虫虫危机。

④ 怎么避免狗狗感染结膜吸吮线虫

• 注意环境

虽然住在城市的狗狗相对少有这种情况，但并不是完全不会感染，只要有腐败物就有可能招惹果蝇前来。比如社区放置垃圾箱的地方、厨房厨余垃圾没有即时清理干净或者带狗狗到郊区游玩，这些情况下都有可能被果蝇趁虚而入。我曾亲眼看着果蝇停在小小欧的眼角，但又轻又小的果蝇没有引起它什么反应，不像我们看见苍蝇会急着轰走，小小欧就只是静静地让果蝇恣意侵犯。所以很多时候都有可能被悄悄选定为寄生宿主，而我们却很难察觉。

• 定期驱虫

因为我家花园小屋地理位置的关系，纵使注意自家的环境清洁，也很难避免果蝇从他处飞来。在没有办法把人家的果树都砍掉的情况下，定期驱虫就是亡羊补牢。可以驱除丝虫、蛔虫的药一般都能驱除这种线虫。

狗狗那么难舍

1. 对生病狗狗的照顾
   I know it's hard

2. 对高龄狗狗的照顾
   I don't want to
   say goodbye

3. 学着跟狗狗说再见
   I'll try

你好吗？
肚子还痛吗？

story：黑麻薯的最后时光

从狗狗那么好懂、狗狗那么健康到狗狗那么照顾，这本书写着写着也到了尾声。最后一部分的狗狗那么难舍，让我停滞了很久，迟迟无法下笔。

每每打开文件后，坐在工作桌前的我，思绪开始混乱、脑袋慢慢疲惫，然后又默默地把文件关闭。对于要写出跟狗狗说再见与黑麻薯离去的前前后后，都让我如站悬崖边一样惊恐欲坠。一个生命的起止，用文字编织，究竟要从哪里开始，或是从哪边着手切入才是最好的？一个个小小的文字，又能表达出我心中如潮水一般的情绪吗？

看着身旁睡得安稳、整天乖乖陪我工作的小小欧，我知道在麻薯身上遇见的不舍还会再一次发生在它身上。知道一个亲爱的伙伴在未来必将离你而去，那种无助与绝望，像阴天里挥不去的迷雾，笼罩一身。

如果你也正抱着一只狗狗，我想，你懂的，你一定懂的。

只是怎么办呢？我们终究还是要面对，而我终究还是要把这最后的篇章写完。此时此刻，花园工作室旁的空地正在盖度假小屋，那群工作的工人们放着咚滋咚滋的舞曲而且欢乐无比地大声喧哗，还搭配着像是装了扩音器的电钻哒哒轰隆声。不知怎么地，我忽然觉得平静，然后一边流泪、一边一字一字地开启了与狗狗说再见的所有内容。嗯，人生、狗生不就是这样吗？在喧闹杂乱与生命背景音乐中，我们不能停下脚步、无法选择时机点，只能随时跟着时间流淌，面对每个环节的考验。对挚爱之人如此，对狗狗也是如此。

黑麻薯走后，约有半年时间，我每天会在小小欧吃饭前，先带着食物到麻薯墓前跟它说说话，最常问它的是：你的肚子还痛吗？东西吃得下了吗？有什么事情就来找我好吗？听起来很像精神异常，但那其实只是我接受它离开的一个自我疗愈过程。然后，半年后的某一天，我梦见它（这中间纵使我再怎么想念，它都不曾在我梦里出现）在花园里跟着小小欧快乐地奔跑，最后还回过头嘿嘿嘿地伸着舌头对我笑。

之后，我就没再到墓前依依不舍，因为我知道它好了、我也好了，一个生命在这里完整地结束。但思念不死、回忆不灭，黑麻薯还是一直活在我心里。

1. 对生病狗狗的照顾
I know it's hard

就像上一部分与大家说的，每种疾病都有其对应的专业医疗与照顾措施，不论是饮食上、环境上或是作息上，不同的疾病都会有不同的照顾措施，绝对不能一概而论。所以在这里，我也不针对特定疾病做介绍，我会从3个大方向去整理狗狗生病过后应该怎么着手照顾。

但在着手开始对生病狗狗的照顾之前，有些事情，我们需要先对自己进行心理建设，或说心理养护，帮助自己与狗狗一步一步走下去。

照顾生病的狗狗，真的很累，真的

那种累，不是身体上的，而是沉甸甸的心理疲累。试想，若自己的孩子生病了又无法表达苦痛，我们会有多无助，面对病犬，大概就是那样的心情。有些狗狗生病后很快就离开，当然措手不及的打击让人难以承受，但不得不说，这样的方式其实对人、对狗并不是一件坏事。有些重症狗狗，一年、两年地拖着，有时好、有时坏，但就是不见起色，那种身陷囹圄的痛苦，绝对远远超乎你的想象。

当你决定养它的时候，你就该想到，就算千百个不愿意，未来还是有很大可能必须面对狗狗的疾病。你不能一溜烟逃走，更不能弃它于不顾，唯一能做的，就是打起精神、负起责任，因为它把一生都交给你了啊。

但你的累，我懂。在照顾麻薯的过程中，没有人告诉我应该怎么做，当时，很多犹豫与挣扎，让我现在回想起来都觉得太过纷乱，对我、对麻薯都不好。所以，有3件事情，我觉得你可以冷静地先想想，或者，也能在照顾的过程中反复拿出来审视，然后才能更强大地继续陪狗狗走下去。

● 忠于自己、忠于狗狗

当狗狗生病时，你的身边会有很多声音出现，可能是家人或朋友的意见、可能是宠物医生的建议、可能是网络上查到的信息，这人建议这样、那人建议那样……已经心慌意乱的你只会更没有头绪。我真心希望，你能先把所有声音阻挡在外，专心把焦点放在自己的狗狗身上。最了解它的人就是你自己，先想想自己的狗狗是什么个性，它平常的喜好怎么样，它适合别人说的那种意见吗。比如，同样是胰腺炎，有些狗狗会去住院治疗、还成功治愈了，你可能就会也想把狗狗送去住院。但像从没离开过家且对宠物医院极度抗拒的黑麻薯，它的个性就完全不适合住院，那只会让它的情况更糟。每只狗狗适合的照顾方式都不同，请选择一个对你家狗狗好、对你也好的照顾方式。

● 善待自己、善待狗狗

我知道，狗狗生病时我们就是无所不用其极的希望它康复。一下喂药、一下喂营养品、一下抱起来摸摸、一下嘘寒问暖，狗狗没被你烦死、你也会先把自己累死。生病的过程，我们永远不知道究竟会持续多长时间，保留体力，不管是你的还是它的，绝对是必须事项。给自己与狗狗足够的休息时间，才能有体力去对抗疾病。不要觉得狗狗生病了我一定要事无巨细照顾周到，紧逼盯人的后遗症很大，除了会让狗狗更加紧张外，长期神经紧绷的你，很容易过劳甚至忧郁。

● 坦然面对所有事实

事情的头绪很多，包括狗狗病情的轻重、你的经济能力、时间问题与你能决定的生死去留等。狗狗生病后（这里我们都先以重症来讨论）直接面对的问题就是还有没有救？如果有救，那势必会花许多钱，你有足够的能力吗？纵使足够，你有时间好好照顾它吗？如果病情不乐观，你有足够强大的心理素质去选择放手吗？这里的放手分为自然与人为。是的，你也能够选择主动安乐死（需要经过宠物医生评估与同意），你有这样的勇气与挚爱说再见吗？事实都很残酷，但再怎么残酷，也需要你去面对。比如若经济能力真的不足以支付庞大的医疗费用，那你是否就坦率地选择让狗狗回归自然、交给老天？比如真的已经回天乏术，你的过度照顾只是让它一天拖过一天，那你是否选择帮助它安乐死、让它尽早脱离苦痛？面对疾病，最怕自欺欺人，学习坦然面对所有，才是对你与狗狗最好的方式。

生病一个月

黑麻薯被诊断出胰腺炎后，医生只给它开了消炎止痛的药。还记得前面胰腺炎的内容吗？胰腺炎没有专门的治疗药物，只能对症治疗。很神奇的是，药才吃了2天，可能肚子忽然不痛了，无事一身轻，麻薯整个恢复往日风采、精神奕奕，不仅食物都吃光了，便便量多、光泽、形状佳，还开始找小小欧的麻烦。

过去我看到黑麻薯骑跨小小欧时，都会双眼冒火，极力阻止。但这一次，看着麻薯恢复活力、努力欺负小小欧的样子，我竟然眼眶湿润、备感欣慰，心里想着，就尽情地乱七八糟、为所欲为吧……

只是，这样的乱七八糟、为所欲为没能持续多久。

黑麻薯又开始食欲不振了。一开始碗里剩下一点残渣，然后剩下的食物随着日子越来越多、越来越多，直到一点不动。怎么会这样？药也持续在吃啊？让我最惊恐的是，一天早上，麻薯在草地上拉出了一条小小的、黑黑的、软烂烂的便便。然后我只能又带着黑麻薯回到它最痛恨的宠物医院。

再一次的触诊、听诊、问诊，血液检查以及再一个小小的、白色的快筛试片后，医生告诉我，黑麻薯的胰腺炎又复发了，不仅如此，还在它的腹部、肝脏的位置，摸到一个肿瘤。

喔，肿瘤啊，肿瘤吗？听起来轻飘飘但又沉甸甸的，我不知道该做何反应。

现在想起来，那天早上那条深深印在我脑海中的小小、黑黑、烂烂的便便，像是一个死神的信号，丢出来后，就只能一步一步往死里走、逃脱不了。

手术照顾

手术，不论轻重，都绝对是一件大事。即使现在的医疗技术很先进，但从手术一开始的麻醉、手术中身体机能的运转、手术后并发症出现的可能，手术流程中的每个环节，都有一定的风险。尤其是做大手术治疗的，如骨骼手术、肿瘤摘除手术等，术前术后，每个阶段更需要细心的照顾。

有一些微小的环节，在你心急如焚的状态下可能会被忽略，请试着冷静检查一下。

手术之前应该做好的事

1. 已做充分咨询与检查了吗

   手术之前有任何问题都要尽量与医生充分讨论，并且让医生知道狗狗过去曾经有过什么病史或特殊情况，如过敏、呼吸困难等。全身麻醉与动刀有绝对的风险，提前先做血液、心脏、身体其他部分的基础检查，确保狗狗身体状况足以支撑手术过程。

2. 交通工具

   如何带狗狗到医院去？手术之后怎么带狗狗回家？如果自行开车，先在车里准备一个舒适的软垫让狗狗减缓不适。

3. 狗狗要住院吗

   若狗狗术后需要住院，请事先准备一条它熟悉的小软被或是有主人味道的衣服、坐垫等，让它在宠物医院过夜时能有熟悉的味道，增加安心感。若不需要住院，也可以用狗狗熟悉的小软被包着它回家，让它在心情上可以比较舒缓。

4. 家中环境收拾好了吗

   狗狗出院返家后，在哪里休息？在家中准备一个干爽、舒适的小窝，让它可以好好静养。若有其他宠物，记得做好隔离，不要让它们打闹。

5. 手术前的营养补充与排便

手术之后，狗狗需要足够的能量来恢复体力。在手术前一周帮狗狗多补充营养，并确保排便正常，尤其在手术前一晚，再带狗狗外出排便一次。

6. 手术前确实做到禁水禁食吗

禁水禁食的目的是避免手术过程中因为麻醉引起生理性恶心、反呕时被胃中没有消化的食物噎到而窒息。多久之前应该禁水禁食，需要与宠物医生确认，有些是手术前12小时开始，有些则是手术当天。像黑麻薯这样会偷偷跑去喝马桶水的家伙，要特别留意把马桶盖或厕所门关好。狗狗究竟有没有偷吃东西，不能闹着玩，即使手术时间已经确定，但狗狗还是吃了食物，请务必老老实实跟宠物医生讲清楚，评估是不是需要更改手术时间。

手术顺利完成后，一般伤口都能在7～12天内愈合，但特殊的情况也可能延长至2周以上甚至几个月的时间。在伤口愈合的这个时期，狗狗也可能会出现术后的并发症，如细菌感染、低温休克、呕吐窒息等。因此非常需要人的耐心照料，所以要保证这期间狗狗是可以得到良好照看的，不管是你或家人或宠物医院。

手术之后应该注意的事

1. 手术当天到当晚，你能一直陪在狗狗身边吗

麻醉清醒后，如果狗狗第一眼可以看到熟悉的你，它会安定不少。手术当晚，通常都会比较不舒服，若有你陪在身边、摸摸拍拍它，它才不会以为自己被丢掉了。

2. 麻醉清醒后口干舌燥，能喝水吗

狗狗醒来后，可以试着一点一点地提供饮水，会让口干舌燥的它比较舒服。有些狗狗会因为麻醉未退而反胃呕吐，那就要先缓缓，直到它不会呕吐为止再供水。

3. 什么时候开始进食

当狗狗喝水也不会反胃时，就可以少量进食。这时期应少量多餐喂好消化的食物。不过要特别注意的是，若是胃肠道手术，通常会需要再继续禁水禁食一段时间，务必与宠物医生事先做好确认。

4. 手术后要不要吃药

手术之后，医生会根据病情开药，请一定要按照医生处方按时喂食，尤其是预防伤口感染的抗生素，若医生说必须吃，就要想办法让狗狗吃下去。如果狗狗术后吃东西的状况不佳，也可以考虑将药物捣碎后加水，用针筒喂食。

5. 伊丽莎白圈戴上了没有

挑一个漂亮的伊丽莎白圈给狗狗戴上，不要让它舔舐伤口。这期间也要注意避免伤口碰水、暂停洗澡，若狗狗身体被呕吐物弄脏，用湿毛巾轻轻擦拭身体就好。

6. 狗狗尿尿了吗

要细心观察，狗狗在手术后12小时内有没有顺利排尿？若有，代表肾功能是正常的，身体也无大碍。若迟迟没有排尿，则应尽快带它复诊检查。

7. 避免剧烈运动

若狗狗手术之后，瞬间恢复往日活力而蹦蹦跳跳，不要忙着开心，因为伤口很可能会裂开或发生其他问题。对于活泼好动的狗狗，尽可能用笼子或是牵引绳暂时限制它的活动，让它保持冷静。如果有必要，医生也可以提供镇定药物，让狗狗安静疗养伤口。

8. 密切观察了吗

除了观察是否有术后并发症外，还需要持续地观察狗狗的呼吸、体温、食欲、排便及精神状况等。伤口有没有流脓流血？有没有过敏肿胀？如果手术后5天的观察期，你真的没办法随侍在侧，可以考虑让它留在宠物医院，由医生、护士继续诊疗。但前提是，你的狗狗可以安心地住在医院里，不然太可怜了。

9. 狗狗补充营养了吗

手术后狗狗需要足够的营养修复身体伤口，考虑到必须是好消化的食物，前期可以用婴儿食品少量多餐代替，3~5日后，再用泡软的狗粮加上肉沫一起喂食，良好的蛋白质不但能帮助伤口愈合，还可以快速补充营养。那什么时候才能恢复正常饮食呢？一般以"拆线"作为分界点，所以要记好医生说的拆线时间，准时复查。同时也可以请医生检查狗狗的身体状况，若伤口及身体机能都已无大碍，就能恢复往日的饮食了。

手术后的营养补充

不论手术大小，都会让狗狗元气大伤，手术后的营养补充就要靠你给狗狗做饭。有些人认为，手术过后应该杜绝所有发物。发物是中医的说法，也就是容易过敏的食物，如辛辣物、海鲜、牛羊肉等。其实养狗狗的人都有基本概念，辛辣物及海鲜是本来就不会给狗狗吃的，那么牛羊肉呢？你的狗狗吃牛羊肉会过敏吗？这才是最关键的问题，很多狗粮与罐头的原料都有牛肉、羊肉的成分，如果你的狗狗会过敏，照理说你应该早就知道。所以，在一般正常情况下，手术后补充牛羊肉这类高蛋白食物，对伤口愈合与体力恢复是很好的。狗狗恢复正常饮食后，还能补充哪些食物呢？

☑ 牛肉、鱼肉

身体内所有的新陈代谢都需要蛋白质的参与，手术后的内外伤口，要经过一次完整的代谢才能顺利新生，蛋白质的作用是关键。有些人认为手术后应该吃稀饭、汤水这样的清淡食物，却忽略了狗狗这时其实最需要肉来帮助伤口修复。选用新鲜的牛肉、鱼肉，打成泥状或熬煮成肉汤这类好消化的形态，是手术后的最佳营养补充。

☑ 鸡蛋

有些狗狗手术之后，因为身体不舒服会对吃东西没兴趣，这时，可以试着用鸡蛋来逆转。大部分狗狗对蛋黄的味道都魂牵梦萦、非常喜欢，当然我说的是熟鸡蛋，因为我都是用熟鸡蛋，所以知道狗狗的疯狂。至于生鸡蛋，我想在这时期是不适合的，蛋壳上的肠道沙门菌可能反而造成对狗狗的伤害。

☑ 胡萝卜

胡萝卜中富含β-胡萝卜素，在体内转换为维生素A之后，可以帮助修复黏膜细胞，对伤口愈合很有益处。胡萝卜的青菜味比较重，我会将它切得细细碎碎、用平底锅干煎至微焦，此时的香气已经很浓厚，再加上鸡蛋与碎肉丁一起拌炒，这时你一回头就会发现狗狗已经在脚边了，完全抵挡不了这样的极品美味。

生病两个月

"它到底是因为肝脏肿瘤而吃不下东西，还是因为胰腺炎，我们很难说，但两者都会有影响。如果要进一步知道肿瘤是良性还是恶性，要带马几（麻薯）去大一点的医院开刀切片才能知道。你现在想怎么做？"

医生又问我想怎么做了。我，我不知道。

带麻薯回家后，我坐在花园里，一直一直反复问着自己现在应该怎么做比较好？左耳出现一句意见、右耳听到一声假设，左左右右的，心里比黑麻薯对小小欧的骑跨更乱七八糟。

黑麻薯从小就不曾离开家，要到外地的大医院治疗，势必要住院，它行吗……
平常就够痛恨宠物医院了，如果我不能整天陪着它，它身心受到的创伤不会更大吗……
它年纪已经那么大，不管肿瘤是良性还是恶性都必须要开刀才能知道，承受得了吗……
开刀之后如果是良性，它还是一样要面对胰腺炎的挑战……
开刀之后如果是恶性，它有足够的体力去做化疗吗……
纵使治疗痊愈，已经高龄的它，还能活多久……
在它最后的狗生里，要用宠物医院、手术、化疗来填满吗……

几经衡量，我倾向于与过去5只狗狗一样，天生天养，让麻薯在它熟悉的环境与人中间，至少安心地与疾病共处、与命运磨合。但这样的决定出来后，左右耳又出现许多的声音：如果去治疗就痊愈了呢？如果它挺过手术了呢？如果……如果……又如果……

那些挣扎与纠结，每一个都弄得我血淋淋的，很痛。

如果，有奇迹呢？

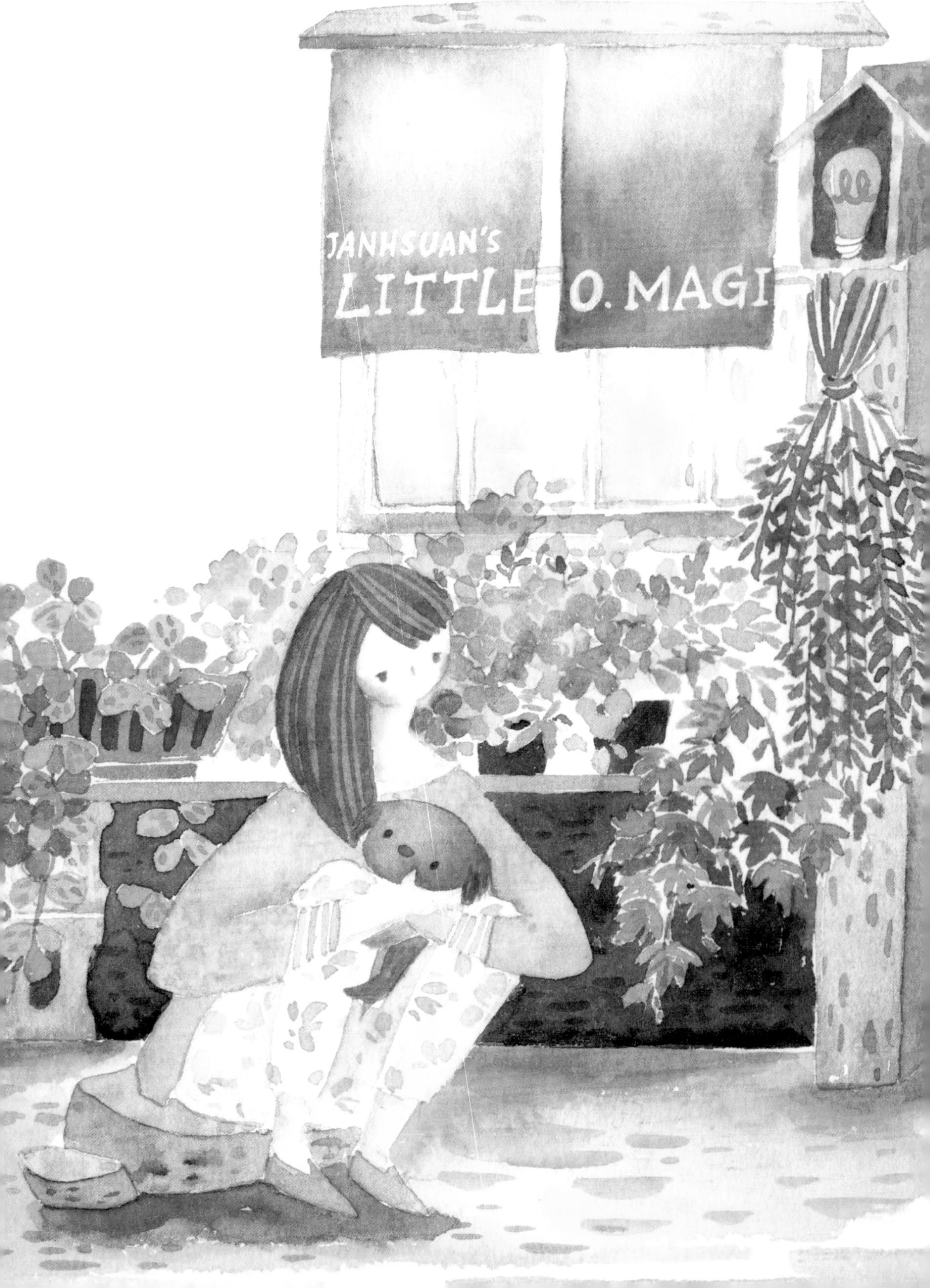
JANHSUAN'S
LITTLE O. MAGI

✦ 癌症照顾

在黑麻薯身上发现的肝脏肿瘤，一直没能确定到底是良性还是恶性，但我想，恶性的概率是很大的。虽然我没有经历麻薯恶性肿瘤的整个治疗与照顾过程，但根据相关统计，每年有30%左右的狗狗死于癌症，且这个比率在逐年增加，因此遇到的机会也是蛮大的。癌症好发在开始衰老或健康恶化的情况下，若在狗狗年轻时发病，积极治疗一定会优于我选择的支持疗法，所以我还是想跟大家聊聊癌症的照顾。

狗狗身上常见的癌症

- 淋巴癌：狗狗的恶性肿瘤中，有10%～25%属于淋巴癌。
- 乳腺癌：容易出现在没有尽早绝育的母犬身上。
- 肥大细胞瘤：皮肤癌的一种，好发年龄平均在8～10岁。
- 黑色素瘤：好发在狗狗颊部黏膜、唇部黏膜及牙龈部位。转移率很高。
- 骨肉瘤：常发生在大型犬，如拉布拉多、黄金猎犬等。

狗狗罹癌的症状

这个好难跟大家明白地说清楚喔。我们当然都希望可以有一个显而易见的症状让我们可以及早带狗狗去治疗，但癌症的种类非常多，它所侵犯的部位不同就会呈现不同的症状。比如：罹患肺癌的狗狗可能会有咳嗽、呼吸不畅的症状；罹患脑癌的，则会出现癫痫、行为异常；罹患肥大细胞瘤的，皮肤会出现像过敏一样的红疹、发炎、肿块；罹患淋巴癌的，淋巴结会肿胀……我们很难把所有癌症的早期症状一一列出，而且最糟糕的是，这些初期症状，其实就跟许多狗狗平时会出现的呼吸道疾病、过敏症状相同。如果真的要说有什么共通的，我觉得应该是体重减轻吧。黑麻薯那时候瘦到肋骨清晰可见，如果你的狗狗有任何"与平常不同"的症状并体重减轻，请带它到宠物医院做详细检查，方能准确判断是否是恶性肿瘤。

狗狗癌症的治疗方式

在这里，我要先介绍2个名词。

（1）治疗：想办法扭转这个疾病的病因，利用手术、化疗等方式延缓恶化或移转。

（2）治愈：想办法彻底根除这个疾病，简单来说，就是：完全治好。

让人伤心的，狗狗发生癌症之后，大部分只能治疗，只有鲜少一部分可以治愈。所以你会在宠物医院看见一些海报标语写着：抑制肿瘤，让狗狗陪你更长更久。对于狗狗肿瘤，我们几乎只能尽心尽力地"抑制"它。因此大家要有心理准备，一旦狗狗罹患癌症，我们有很大的概率必须面对它的死亡。

☑ 外科手术

外科手术是最常见的治疗方式，把肿瘤本身或是被它波及的部位切除。外科手术对于早期癌症的治疗效果最好，但当狗狗被发现罹癌时，多数已经有一定的恶化甚至已扩散开来，所以经过外科手术之后，或许还需要进一步化疗或放射性治疗。

☑ 化疗或放射性治疗

化疗，就是使用药物来对抗肿瘤。一听到化疗，我们就会想到人类癌症治疗中的化疗不良反应，是多么让人惊恐。不过化疗运用在狗狗身上的剂量通常都比较低，几乎不太会引起严重的不良反应，也不太会掉毛，因此不用过度担心。放射性疗法目前还不是非常普遍，需要到大型的宠物医院才有这个治疗。

☑ 支持疗法

我在胰腺炎的部分曾提到支持疗法。支持疗法的目的不在于治疗疾病本身，而是利用辅助的办法，如药物、食物与环境，尽可能减轻狗狗痛苦、减轻不适、维持较舒服的生活品质，让狗狗以自身的免疫力去对抗疾病。对于麻薯，在评估了一千万遍各种情况后，我选择这个方法让它度过后来的生命时光。当然，经过外科手术与化疗后，也需要支持疗法来恢复身体健康，狗狗才能提升免疫力，继续对抗疾病。最简单的方法，就是从食物中补充。

癌症治疗中的营养补充

每一种癌症的营养需求都不同，需要根据狗狗的病情、体质与当时的身体状况来设计正确的饮食。主人可以与宠物医生讨论，是不是要给狗狗特殊的食物，若没有，大部分宠物医生会建议直接喂已经调配均衡的颗粒狗粮，然后额外补充一些蛋白质或好的食物油脂即可。不论是什么样的食物，我们的目的在于帮助狗狗修复受损的组织、提高抵抗力并且新生健康的细胞。所以有一些大方向的食物建议可以供大家参考，试着在颗粒狗粮之外，给狗狗做些营养鲜食。

☑ 优质蛋白质

蛋白质对于提升体力与免疫力有很好的效果，但为了避免过多的脂肪，对经历癌症治疗后的狗狗，应尽量选择优质蛋白质来补充营养，如鱼肉、精瘦肉、鸡蛋与豆类等。其中，深海鱼，如鲑鱼、鲔鱼、鲭鱼等，富含ω-3脂肪酸，可以降低炎症反应并且减少肿瘤的移转，对狗狗身体修复很有帮助。

☑ 维生素与矿物质

维生素A、维生素C、维生素E具有抗氧化效果；十字花科蔬菜含有多种抗癌成分。蔬菜和水果中富含维生素与矿物质，可以选择常见的西蓝花、南瓜、菠菜等。但刚刚做完手术的狗狗，不太适合难消化的高纤蔬菜。可以在狗狗伤口康复后，将蔬菜切得碎碎的、少量混合进正餐食物里面，适量补充。

☑ 碳水化合物

碳水化合物主要富含于谷物类、根茎类等。这些食物中也富含维生素B_1、维生素B_2及多种微量元素，有助于抑制肿瘤。但同样应注意避免给刚刚做完手术的狗狗食用。

其实最简单的原则，就是多样化摄取各类食物，前提是狗狗可以吃的各类食物。每种食物都含有一定的营养素，对身体都有一定的帮助。每餐中加入不同味道与口感的食材，也能增加病中狗狗的食欲。如果过去狗狗老是喜欢吃人类食物，应改掉这个习惯。饮食也是诱发癌症的众多原因之一，大家要好好注意。

瘫痪照顾

瘫痪是指支配运动的神经与肌肉因为某种原因而导致功能降低或丧失。瘫痪？你可能会想，这种低概率的事情有可能出现在我的狗狗身上吗？事实上，狗狗遇上瘫痪的还真的不少见。有可能是由严重的车祸、重大的疾病引起，但也有可能因为运动施力不当造成栓塞而瘫痪。还记得关节护理的部分，说到长期后肢站立的狗狗也很可能因为椎间盘突出而导致瘫痪吗？所以狗狗瘫痪并不是很遥远的事。瘫痪不一定是全身性，在狗狗身上，以后肢瘫痪居多。黑麻薯在生命即将消逝之前，也是从两后肢不听使唤开始的，当时的我，以为那样的状态会持续好一阵子，心里已经做好长期抗战的准备，但，该说是黑麻薯贴心吗？瘫痪的情况只持续了短短几个小时。原来，那是生命的流逝，从后到前、从轻到重、从挣扎到无声，一下子就流逝殆尽。

容易有脊椎问题的品种犬

腊肠犬、法国斗牛犬、贵宾、迷你雪纳瑞等

尤其腊肠犬，基因决定了它很容易出现软骨发育不全的情况，因此是所有品种犬中最容易发生瘫痪的。而长毛腊肠犬，是因椎间盘突出而导致瘫痪的第一高危品种。除了品种基因的关系，造成狗狗瘫痪的原因，还有以下几种。

1. 疾病

像是刚刚说的椎间盘突出、颈椎问题、脊椎肿瘤、脊髓纤维软骨栓塞等，都会造成狗狗瘫痪。但这些并不是"有天生基因缺陷的品种犬才会发生的疾病"，所有狗狗都有可能出现。曾有案例是，一只米克斯因为在外偷偷乱吃东西，主人焦急之下，过度用力拉扯，导致瞬间的后肢瘫痪。这就是前面说的，有时候一个瞬间的激烈动作或扭力就很可能造成可怕的不良影响。不过好消息是，疾病引起的瘫痪，在黄金时间内经过治疗或手术后，有很大的概率复原，虽然治疗时间有短有长，但至少看得见希望。

2. 外力

车祸、用力碰撞等外力引起的神经、脊椎或肌肉损伤，甚至脑部受损而引发瘫痪。车祸是造成狗狗瘫痪的第2大原因，有时是因为撞击而内伤，有时是因为撞击而必须截肢，所以大家过马路时应特别注意不要让狗狗横冲直撞，也不要让狗狗追着人的车或摩托车奔跑，那样的行为真的很危险。

3. 中毒

有些毒素会损害狗狗的脑部神经，如老鼠药、农药或是食物中毒等。轻则肌肉渐渐无力，重则引发器官坏死而全面瘫痪。这种情况好像比较容易出现在乡间，如果你也跟我一样生活在好山好水的地方或是常常带狗狗去露营、郊游，千万不要让它乱吃地上的不明食物。世界上就是有一群坏心肠的人想借此毒死狗狗。

狗狗瘫痪的分级参考

如果狗狗不幸出现瘫痪症状，可以先简单地根据瘫痪分级来评估治疗的方法与可能性。狗狗主人也可以借此知道，狗狗未来复原的概率大概有多少，但后续的详细诊断仍不能少。

	情况	自主大小便	深层痛觉	
一级	还可以行走，但感觉有困难	还可以	有	高
二级	走路不稳、摇摇晃晃	还可以	有	复原机会
三级	站不起来，但后肢还可稍微活动	还可以	有	
四级	后肢无法活动，但还有深层痛觉	失禁	有	
五级	瘫痪，后肢无深层痛觉反应	失禁	没有	低

不同等级的瘫痪，会有不同的治疗方式。另一个重要的问题，是先对造成瘫痪的原因进行治疗，比如因为肿瘤压迫而引起的神经问题，那就要先手术摘除肿瘤；因为车祸或外力造成损伤，则需要先修复损伤；若是中毒引发瘫痪，那首要之务就是先解毒。所以狗狗为什么瘫痪，要先知道发生的因，才能有后续治疗的果。无论如何，不管是什么原因，只要不是无法挽回的损害，都请不要放弃希望。现在除了西医的治疗方式，也有不少人选择中医针灸与中药调养，后面将跟大家说说我朋友的亲身经历。

狗狗瘫痪后怎么照顾呢

治疗过后，即使狗狗没有立刻站起来，但经过你的复健协助与生活护理，未来还是有很大的希望康复。即使最坏的情况是医生宣布狗狗从此后肢或四肢瘫痪，你还是必须着手后续照顾，让狗狗有尊严且快乐的活着——狗狗很乐观，有你的陪伴绝对不会自怨自艾。请不要让狗狗一直孤单地躺在那里，于理于心于情，都不该如此不人道。

☑ 按摩与热敷

对瘫痪的肢体进行按摩与热敷，帮助血液循环与新陈代谢，可以防止或延缓肌肉萎缩。每只狗狗发生瘫痪的原因都不同，请先跟宠物医生确认可以按摩与热敷的部位。尽可能避开关节与骨头的地方，在肌肉处，每天2～3次、每次10～15分钟轻轻按压。也可以帮狗狗拉拉脚脚、伸展缩放，避免关节硬化。

☑ 协助站立与行走

一开始可以在小凳子上放一块软垫或小枕头，再把狗狗放上去，以腹部贴住凳子、四肢自然垂下、刚好让它可以站在地板上的高度为基准，慢慢让狗狗习惯站着的感觉。如果狗狗似乎有力气自行站立后，可以用你的双手托住它的腹部，帮助狗狗站起来，然后一步一步鼓励它学习行走。

☑ 清洁与翻身

无法行动自如的狗狗，最怕出现褥疮，尤其是大型犬，容易因为固定姿势不动导致皮肤溃烂。后肢瘫痪的狗狗大部分还会大小便失禁，如果没有及时清洁身体，一旦伤口有细菌感染，很可能因为败血症丧命。不要让狗狗总是保持同一个姿势，定时帮它翻翻身、伸展四肢，只要一大小便就赶快擦拭干净并吹干皮肤。不要给狗狗包尿布，不透气的尿布很容易导致皮肤问题。闷热的夏天，可以把床垫改成架高木条的隔板——有点像是没有铺床垫的婴儿床那样，透气性比较高且柔软，也能减少长期压迫而有褥疮。生命力强的狗狗，在后肢瘫痪后，还会利用前肢拖着后肢来活动，但若是身躯、四肢瘫痪的话，就真的必须仰赖人的协助。老话一句，请不要让它一直躺在那。

☑ 晒晒太阳、看看世界

以安全为前提的外出，对狗狗来说绝对百利而无一害，不要因为狗狗不能动就整天把它晾在家里。尽可能如往常一样，用婴儿车定时带它外出透透气、晒晒太阳。在大自然中进行站立与行走训练，除了阳光可以强化骨骼外，外界的刺激与新鲜空气的安抚，对复健有很大帮助。现在也有许多款式的狗狗轮椅可以选购，基础款的价格并不会太高。挑一款送给狗狗，当它发现自己还可以行动自如地奔跑时，那种愉悦与兴奋是最大的希望。

☑ 注意大小便是否正常

瘫痪狗狗如果大小便还未失禁，其实算是一件好事。许多部分或完全瘫痪的狗狗，是无法自行排尿的，真的很可怜。这样的情况，在经过宠物医生的指导后，可以由主人自行在家里帮狗狗下腹腔挤尿，每天最少最少以2次为原则。公狗因为尿道较长，不容易挤，就需带它到宠物医院进行导尿。大便的话通常会自行排出，但也要注意排出的大便是否与吃下去的食物等量。

☑ 好消化的饮食与足量的饮水

瘫痪的狗狗，因为长时间不动，肠胃功能变得缓慢、迟钝，消化能力也跟着变弱。所以，瘫痪狗狗的食物必须以好入口、好消化为原则。如果为了防止便秘而在食物中增加高纤维食物，制作时记得一定要切碎闷软。饮水也是，完全瘫痪的狗狗无法自行喝水，请用滴管或针筒（没有针头）帮助它摄取水分。

照顾瘫痪狗狗一定极度辛苦。但对无法行走的它自己来说，那种无助与愧疚的痛，可能不会比你少。我们对狗狗的各种照顾，虽然最终目的是希望它能痊愈康复，但最重要的是，以各种不放弃的举动，激发出狗狗自身的求生欲望。有了求生欲望，万事皆有转机。如果你的狗狗真的遇到了，请相信你绝对不孤单，有很多正努力走出困境的人与狗都陪伴着你，不要放弃、不要绝望，这段心路历程也能给人以愉悦与力量。

腊肠犬的针灸治疗

易发生脊椎疾病的犬种不少，但腊肠犬发生的概率是其他品种的10～12倍。如果你的狗狗是腊肠，请一定要做好可能遇上瘫痪的心理准备。除了西医治疗，中兽医针灸与中药调理有过很多成功的案例也可以参考。

- **发生瘫痪的腊肠**：郭小虎
- **发生年龄**：6岁
- **发生状况**：某一天晚上，一直坐在沙发边，动也不动
- **治疗方式**：针灸+中药，疗程3次

我朋友的狗狗是一只咖啡色毛的可爱腊肠，有一天也是忽然无预警地突发后肢瘫痪。在经过宠物医院一连串的验血、超声波及X光检查后，发现有两节脊椎异常密合，医生建议手术。但朋友因为不舍狗狗动刀，所以寻觅了有中兽医科的宠物医院进行针灸治疗。医生在小虎背上沿着脊椎一节一节的触诊并比对X光片后，发现小虎在胸腰椎的地方出现异常，且瘫痪的状况已经持续3～4日，医生认为是紧急情况，马上帮小虎施针并搭配中药调理。在经过3次治疗之后，不到一个月时间，小虎奇迹般的痊愈了，又开始蹦跳！朋友觉得神奇，我也是。除了西医，中医在狗狗的脊椎疾病治疗上已经有很长的历史，三千年前的西周时代便有文献记载。这样的治疗方式，也介绍给大家参考。最重要的，请不要轻易放弃任何希望。

关于腊肠的椎间盘疾病

易发年龄：6～8岁。

易发部位：第11胸椎至第2腰椎。

施针部位：三里、后伏兔、阳陵泉、环跳、风市、秩边、昆仑、委中、三焦腧、肾腧、腰百会等穴位。

中药成分：黄芪、当归尾、赤芍、地龙、川芎、桃仁、红花等。主攻补气、活血、通络。

倒数一星期

这几日，麻薯几乎一直在睡。小小欧好像知道什么一样，只是静静地在一旁陪着它，不吵也不闹。在挣扎与纠结下，我最后选择支持疗法——胰腺炎就用消炎止痛药、持续呕吐就用止吐药、吃不下东西就用促进食欲药、渐渐消瘦就用营养补充剂。麻薯虽然精神不好，但每天还是可以跟着我外出，短暂地走走。

12月初的天气冷冷的，幸好阳光依旧。没能吃多少东西的麻薯，一天比一天瘦，背脊与肋骨清晰可见，以前最爱翻肚子给我摸摸的它，因为突出的骨头已经无力翻身。我找了几件旧毛衣裁剪成适合的大小与形状，帮它穿上，然后发现，麻薯的腹部从左右两边往外鼓出，肚子浑圆、发胀。

经过检查后知道，是那个肿瘤，是它搞的鬼。肝肿瘤让麻薯出现腹水，皮肤也开始泛黄，医生用我几乎听不到的声音说了一句：糟糕。我抱着麻薯，几个字哽在喉间，终于努力吐出来问了医生："现在治疗肿瘤来得及吗？"医生用苦笑回应我。我知道，那是一个纯粹不甘心却又愚蠢至极的问题。回家后，在麻薯的支持疗法药物中又多了一款利尿剂。

天气越来越冷，花园里的空气冰冰的，我整个人也很配合地上下冷冽着。

我心里期盼的奇迹没有出现，麻薯的情况很糟。无法进食的它只能用针筒灌食，一管药、一管流质食物，两管在我手里、在它眼里都害怕地发颤。呕吐的情况也不见好转，甚至有几次还吐到几乎晕厥。而精神状况，应该在谷底了吧，有阳光的时候，它一直一直睡；阳光躲进云里时，它一直一直抖，就更别说跟我外出走走了。对于我的呼唤，它会抬起头，用空洞的眼神看着我；对于我的眼泪，它低下头，用呆滞的表情回应我。

我每天晚上睡觉前，会跟它说要等我喔；每天一早睁开眼睛时，会开始慌乱地寻找它的身影。于它于我，这些日子都辛苦地活着。

老天，如果它真的无法痊愈，就带它走吧，剩下的悲伤，我自己承担。

2. 对高龄狗狗的照顾
I don't want to say goodbye

走过了意外、走过了疾病、走过了七上八下的治疗，最终，我们还是得面对狗狗的老去。狗狗从7~9岁开始会慢慢出现老化现象，大型犬又会比小型犬更快进入高龄阶段。最可恶的是，就算狗狗已经年迈，但那张脸蛋跟傻里傻气的行为，依旧还是让人觉得它是个小可爱，叫我们怎么能坦然接受它已经是身体机能都老化并接近终老的生命呢？我也一直一直没有把精力旺盛的黑麻薯当成老狗对待，但后期那种急转直下的快速老去简直让我难以招架。有时我会想，如果我能提早几年好好正视麻薯已经是个"老人"的这件事，是不是可以避免它身体状态的恶化，然后好多陪我一些日子。

不要像我这样终日惶惶懊悔，如果你的狗狗已经到了高龄阶段，请试着接受事实并改变它的生活状态，让它可以快乐无痛地慢慢老去。

狗狗进入高龄的表征

☑ 身体表征

- 下巴及眼周的毛会率先转白，身体上的毛失去光泽且干燥。
- 眼珠子渐渐混浊、灰白。
- 口腔味道开始变差，牙齿松动甚至脱落。
- 听力衰退，对于你的呼叫不如过去反应敏捷、机灵。
- 可能因营养吸收不良而变瘦，或因代谢缓慢而变胖。

☑ 行为表征

- 变懒、嗜睡、反应差，有时对着同一方向呆滞、放空。
- 行走变慢或因为关节退化而出现走路卡卡的感觉。
- 食欲变差，太硬的食物或零食都吃得困难。
- 日夜温差大或季节变换就出现咳嗽、呼吸不顺畅。
- 便便或尿尿的次数明显比以往增加或是减少。

☑️ **心理表征**

- 固执，对某个特定事物有莫名的坚持且变得不爱听话。
- 精神容易紧张，会来回踱步绕圈或坐立不安。
- 常常动不动就乱叫或是表现得忧国忧民，一整天闷闷不乐。
- 出门时发现它的方向感明显变差。

是不是觉得原来狗狗也会"老糊涂"？对喔，当它开始行为与情绪异常的时候，不要太过责怪，不是因为它变得桀骜不逊，而是因为大脑功能随着年龄增大而退化了。与此同时，很多健康问题也会跟着出现，在这里我们先不谈特殊疾病，先说说高龄犬普遍会出现的年老病征。

高龄狗狗容易出现的健康病征

☑️ **白内障**

不是只有人，狗狗也会白内障。晶状体老化后变得混浊，狗狗因此视力衰退、怕光、模糊，到后期严重时甚至会失明。麻薯差不多在13岁时开始有初期白内障的现象，但它的情况一直维持那样的状态，并没有恶化下去。狗狗的白内障是可以通过手术治疗的，而且越早治疗越好。但毕竟手术有麻醉风险且费用高，像麻薯年纪已经那么大又视宠物医院为地狱，就需要好好评估是否适合动手术。

预防方法：

- 多吃富含维生素C及叶黄素的食物，如西蓝花、番茄、南瓜、深海鱼、鸡蛋。
- 避免在强烈阳光下长时间过度曝晒。有些狗狗长期被拴在水泥地或铁皮屋旁，水泥地面及金属对阳光的反射非常强，长时间下来对眼睛的伤害很大。
- 进入高龄期后，定期做眼睛健康检查。

☑️ **重听**

似乎老人、老狗都很难避免听力退化的发生。我感觉黑麻薯到后期时听力也变得不好，常常要叫好几声或加大音量才会有反应。为什么说感觉呢？因为我不知道它是因为身体不舒服而变得不爱搭理我，还是因为有失智现象，还是单纯只是重听。一切发生得太快，事实已经不可考，但老化引起的听力衰退，确定是一个不可逆也无法治疗的问题。

预防方法：

- 平时帮狗狗定期做耳朵清洁与保养，能够减缓听力退化的速度。

☑ 口腔问题

口臭、蛀牙、掉牙、牙周病、牙结石等，都是老化后容易出现的问题。虽然不知道医学专业上是不是如此，但根据我们家每只狗狗的状况来说，都是从正面下排牙齿开始崩坏掉落。口腔问题影响的层面很多，比如牙痛就没办法好好进食，进而影响整体营养状态；牙结石或牙周病很容易引发细菌感染、产生并发症；口臭除了可能是由牙周病引起外，也需要考虑或许是狗狗肠胃出现问题才导致口腔气味不佳。

预防方法：

- 定期做好牙齿护理，避免给狗狗啃咬太硬的食物。
- 确实帮狗狗刷牙，维持牙口健康。也可以考虑定期洗牙。
- 洗牙需要全身麻醉，对肝、肾有一定影响，高龄犬应多加评估。

☑ 关节炎

关节与关节之间的软骨磨损后，就会开始僵硬、发炎、疼痛。在我花园工作室的周边，住着许多只已经被毛斑白的老狗狗，它们的活动力都还不错，但就是走路老是卡卡的，即使跑起来，也会怎么看怎么不顺，一群聚在一起同时前行，有一种丧尸电影的错觉。轻微的关节炎可以通过止痛药舒缓，情况严重的就需要考虑外科手术，但同样的，高龄犬面临的手术风险大大增加，因此还是要注意平日的预防与保健，请大家再回头复习复习关节护理部分。

预防方法：

- 避免太过激烈的活动与在楼梯上跑跳。
- 平日可摄取有益关节健康的食物，如富含ω-3脂肪酸的深海鱼、鱼油。
- 对有先天性关节遗传问题的品种犬，如腊肠犬，要特别注意日常关节护理。

☑ **失智**

失智，是一个大家普遍熟悉的说法。在狗狗身上被称作"犬认知障碍症候群"，又称"老狗症候群"，也就是类似我们人的阿尔茨海默病（即老年痴呆症），在这里我就简单称作"失智"。失智常发生在12岁以上的高龄犬，因为脑神经逐渐退化，狗狗的认知、反应功能没有办法正常运作。常出现的症状有：叫了没有反应、对平时熟悉的指令感到困惑、漫无目的或失去方向感、随地大小便、对新鲜事物失去好奇心、情绪不稳定。说起来，整体与中暑症状类似，也就是傻傻的、失去灵魂的感觉。失智也是不可逆的老化疾病，但一只生活丰富、饮食多元、不断接受脑部刺激的狗狗，出现失智的概率会大幅下降。

预防方法：
- 养成良好的运动与散步习惯。
- 利用狗狗益智玩具刺激大脑工作。
- 第4部分（第131~157页）里的每一件事，都有助于降低失智的发生。

☑ **其他**

人老了，很多疾病就会蠢蠢欲动，狗狗的情况也如此。除了前面说的几项绝大部分老年犬都会出现的健康问题外，其他如心脏病、糖尿病、肾脏病及代谢功能异常等，也都是名列前茅的几项老年犬疾病。虽说定期健康检查可以及早发现及早治疗，但以案例统计来说，当狗狗"因为衰退"而产生上述几项重大疾病时，大多是生命终了的前兆。我们能做的是延缓病情发展，但很难阻止死亡来到。

狗狗的生命不长，且几乎在生命周期的后三分之一就开始慢慢衰老。虽然我们无法阻止死亡来到，但在狗狗的高龄阶段，可以试着有一些简单的改变，延长健康的时间、减缓衰老带来的不适。狗狗进入老年的时间是改变照顾方式的分界线——小型犬8~9岁、中型犬约7岁、大型犬约6岁。而且，我们做得越多，越能减少狗狗离世后随之而来的歉疚感与自责感。你现在或许很难想象，但那种负面情绪是一个爱狗狗的主人的必经路程，只是或大或小。对高龄狗狗的照顾，是一件对狗、对人都滋养心灵的大事。

怎么照顾高龄狗狗

居家环境

☑ 不要更改家中格局与位置
它可以清楚地知道哪里要转弯、哪里要抬脚、哪里可能会撞到东西，尤其对视力、认知渐渐衰退的狗狗来说，一个熟悉、安心的环境是非常重要的。

☑ 注意环境安全
有一次我在浇花后忘了把长长的水管收好，当时身体虚弱的黑麻薯走着走着就被绊倒了，它在倒下瞬间皱起的眼睛与小脸，我至今都历历在目，觉得抱歉得不得了。请保持家中平坦、防滑，如果有小孩的玩具，也请时时收拾。在老年狗狗常常活动的范围内加铺软垫，可以减少碰撞造成的伤害。

☑ 舒服的狗窝
衰老带来的身体僵硬与关节疼痛，让睡觉时间变长的老年犬深感不适，帮它挑选一个干燥、通风、可以晒太阳的地方，制造一个舒适的养老小窝，让它长时间趴睡也不会不舒服。

生活作息

☑ 放慢脚步
以前主人喊"吃饭"，它可能半秒就抵达，老了以后，要多给它一点时间,5秒、10秒、15秒都没有关系，不要催促、不要不耐烦。它需要一个稳稳的、舒缓的生活方式。

☑ 减少睡眠中的惊动
狗狗在睡眠中可以进行大量的身体修复，对于老年犬、病犬也一样，当主人要把睡觉中的它唤醒时，不要像过去那样急急慌慌地大声喊叫或是用力摇晃它，这些都会让它受到惊吓。可以先到它身边小声呼唤，等它稍有反应了再轻轻摸背，把它唤醒。

饮食健康

☑ 松软好入口

老年犬的下颚没有年轻时那么强大、有力,牙齿也开始松动了。可以选老年犬专用狗粮,或者在吃饭前先帮它把狗粮泡软。如果制作鲜食,应避免太有韧性的肉类或部位,如排骨、多筋的肉等。可以改用鱼肉、鸡肉,而且记得将骨刺都要挑干净。

☑ 食材控制

选择低油、无盐、脂肪量少且纤维丰富的食物,不要再心软给它吃人吃的东西,老年狗狗的代谢能力差,吃到不好的食物很可能无法完整代谢,可能因此诱发疾病。

☑ 少量多餐

消化能力下降后,肚子没办法再承受成年犬时那样狼吞虎咽、暴饮暴食。纵使狗狗没有表现出肚子不舒服的样子,也应替它控制餐食,宜少量多餐,将过去一天的食物总量分成3~4餐喂给它。

外出活动

☑ 坚持外出活动

不要让狗狗整天睡觉,外出活动的时间一到,还是要让它出去活动筋骨。外界事物的刺激与大自然的气息,对老年狗狗养生有益。

☑ 降低强度

过去狗狗可能跟着你奔跑,当它年纪大后,请不要让它如此为难。避免爬坡、难走的石子路、热烘烘的柏油地面与人多狗多让它紧张的地方。降低外出活动的强度,能减少关节与气管的损伤,也可以视狗狗身体状况适当缩短每日活动时间。

☑ 辅助工具

我曾看到过邻居的老年狗狗走着走着就后腿无力瘫软、然后坐在地上爬不起来。若狗狗有这样的情况,你可以带着辅助带、婴儿车一起外出,以备不时之需。

对开始衰老的狗狗，我们可以在生活、饮食上做好万全准备，然而日子过着过着，我们也会面临狗狗即将离开的这个关卡。我们永远不会知道哪个时间点是终点，只能在那个悲伤时间点之前，再竭尽所能做好我们能做的事。

面对生命末期，我们还能做什么

1. 给它更多陪伴

黑麻薯生命末期，正好是年底我工作多到爆表的时候，至今最最最让我无法释怀的，就是没能有更多时间好好陪伴它。当一个生命消逝后，才惊觉，我为什么在爱的人（狗）身上那么吝惜给予时间？但即使惊觉了，那个生命却再也回不来了。

2. 不要忽视异常变化

"老狗本来就会这样"是我当时听得最多的一句话。真的很讨厌，虽然老狗的确"会这样"，但很多的异常变化如排泄不正常、后肢瘫痪、呕到休克等都会是一种生命终了的先兆，请大家不要忽视。

3. 使用宠物监控设备

其实，在麻薯生病的这段时间，独立工作的我还能时时留在它身边，已经是很庆幸的事。我知道许多人都得继续上班、继续生活，对"留下时间给老狗"是力不从心的。或许你可以考虑使用宠物监控设备（有些监控设备还能对狗狗说话），随时留意家中老狗的变化，也能让在外工作的你少一点担忧。

4. 宠物长期照顾中心

现在许多宠物医院都有宠物长期照顾的服务。如果你的时间不允许而经济能力还能负担的话，也可以考虑。但宠物长期照顾机构的优劣差异颇大，请一定要事先做好功课，不要让狗狗年纪大了还要到陌生环境受苦待。有的宠物医院除了有"长期住院疗养"的服务，还有"日间照顾服务"，如果你只是某一小段时间必须出差或白天上班无法照顾狗狗，也可以选择这样的狗狗照顾模式。

如果你跟我一样必须肩负起照顾即将老去的狗狗的责任，在偷偷流泪之外，有些东西你可以事先准备好。

● 无针针筒

这时的狗狗已经无法正常饮食，不论是喂药、喂食还是补充水分，都需要针筒帮忙灌食。针筒有各种大小可以选择，喂药可以选20毫升的小管针筒、喂食可以选用50毫升的大管针筒，省去反复吸抽的不便，狗狗也会等得没有耐心。

● 营养膏

对于无法进食又必须灌食的狗狗，营养膏是蛮好的选择，可以将其混合进汤水或泡烂的狗粮里，搅拌成泥水状后一起灌食，补充营养。

● 湿纸巾

准备好大量的湿纸巾，当狗狗大小便失禁时帮它清理身体。湿纸巾比毛巾好用，除了已经消毒无菌，也不需要事后清洗、晾晒，省去照顾上的不便与麻烦。

● 一次性手套

与湿纸巾一样，在清理粪便、尿液时，一次性手套是我们很好的伙伴，不会弄脏双手，可以放心大胆地协助狗狗清理排泄物。

● 一次性保洁垫

黑麻薯生病时期，我还是让它待在它最喜欢也最熟悉的花园里，如果它想尿尿想呕吐，完全不用顾及就可以放心倾泻。但如果你的狗狗必须待在家里头，那请帮它准备保洁垫，方便它安心排泄也方便主人快速清理。一次性保洁垫一般超市或医疗用品店都有售，价钱不会太高，但能省很多事。不要用狗狗尿布，它会很不舒服。

倒数五小时

这天早上醒来，异常疲惫，眼皮很重、身体也很重。昨晚我梦见麻薯了。它用一种很奇怪的姿势看着我，像是从腰部折了一半，长长的身体变成直角形状。

撇开梦，我想着今天要去医院帮它再拿十天的药，噢对，还有针筒，也要记得再买一些。从宠物医院出门，拎着药袋回到花园，我一路胆战心惊地走着，因为那个让我精神紧张的梦，每一刻都因为没看见它而紧张，直到看见它站在我面前才松了一口气。照例，我还是摸摸它、抱抱它，问它今天还好吗？然后进到屋里准备它今天第一管食物与药水。

但，与往日不同的，当我拿着食物跟药水去找它时，它没有在睡觉，而是用一种像是忽然被撞倒在地的姿势趴在地上。我急忙走上前，看见在它面前有一摊黄绿色的液体——它吐出来的液体。我心想它只是"又吐了"，所以把它扶起并哄它吃药。可是好奇怪，这一次的药，怎么也进不了它那上下紧咬的嘴巴里。我心里一阵恐慌，不停地用手指把从它嘴边流出的药水与食物抚回嘴里，但那些汤汤水水只是悲惨地被挡在牙齿外，完全不得而入。我想着它的状况不好，或许晚点……晚点再来。看着在阳光下趴着的它，我想嘘寒问暖又怕烦扰它，一下蹲、一下站、一下向前、一下走开。

这天的工作量很大，我回小屋工作后就不断在忙。接近中午时间，窗外一阵阵极细微的喘气声把我从工作中拉回，一抬头，看见黑麻薯坐在地上不停打转、挣扎着想站起来。我顾不得水彩未干，丢下画笔、冲出门外，把它一把扶起，而地上有一摊又一摊黑色浓稠排泄物，沾得麻薯一身都是。

"没关系、没关系，我都在这里。"我抱着麻薯，急急地说，它轻轻地摇摇尾巴。

当我放开它后，它摇摇晃晃地向前走了几步，接着无力地倒下，又挣扎站起、又倒下，然后后肢完全无法施力，长长地拖在身体后面。这是怎么回事！我惊恐地看着，泪水哗啦啦流下。我一边擦着自己的眼泪、一边擦着麻薯的身体，一边捏捏揉揉它的后肢、一边问它怎么会这样。不知所措的我坐在它身边，看着它睁着大大的眼睛转啊转，有时看着我、有时看着远方。忽然，脑袋里莫名出现旋律，我好像预知了什么，开始一直重复地对它唱着一首歌："行走在茫茫月光的中间，我不能久留于伤感；待天空云出寂寥我发现，你从未离开我身边……"这天太阳很大，可是我眼前却仿佛如那朦胧月光，看麻薯都看不清楚。

"没关系啦马几（麻薯），如果真的很不舒服就不要忍了，好不好，我们不要忍了……"看着大小便失禁、后肢瘫痪的麻薯，我好希望它走、又好怕它真的走。

当时的我不知道那是生命开始倒数，以为这样的瘫痪或许会拖上几天时间，心中还不停盘算等下要准备软软的棉被、要准备保洁垫。还有，是不是要联系宠物医生考虑安乐死……

3. 学着跟狗狗说再见
I'll try

从小小的、软软的小奶狗开始，它就每天每天地黏在我身边，看着它第一次走楼梯的憨样、看着它第一次吃到肉肉的惊喜、看着它第一次被其他狗狗欺负的逃窜、看着它第一次洗澡时的千百个不愿意……就算它不会说话、不会用手比一个爱心送给你，但你就是知道你的世界有满满的它，它的世界也有满满的你。但是怎么办？这个满满的世界还是会有被挖空的时候。

因为动物基因中自我保护的生理机制，上天给了它们一个厚礼，让它们能一直保持年轻成犬时的健康状态，直到生命终了前半年，在这半年里，急速老去，直至终了。

黑麻薯开开心心地活了15年，然后从发病到离开，前后3个月，很快，让我还没能接受时就必须学着接受。那时候，没有人告诉我应该怎么做，也没有人告诉我那样的状况就是狗狗即将离开了。那种无助，很痛。而且，除了痛以外，还掺了很多歉疚、自责、不甘与气愤。

可是那是我、我们、我们人类的想法。死亡，对动物来说是一件非常自然不过的事情，就跟出生一样，天生、天养，然后回归尘土。虽然我们都知道就是那么一回事，但无奈我们还是有情绪、有思念。所以这最后的一个部分，我想用我的亲身经历、发自肺腑的想念，跟大家说说，当我们必须与狗狗说再见时，该怎么做，才不会有遗憾。

面对狗狗，你能做什么

☑ 告诉它，你有多抱歉

我们在与狗狗相处的过程中，难免都会犯错。可能是对狗狗太凶太严苛、可能是忙着恋爱忙着工作而忽略了狗狗的存在、可能是在它身体不舒服时没能第一时间察觉……这些罪恶感会在狗狗即将离世前与刚离世后到达最高点，不要觉得自己是疯了，这是很正常的弥补反应。如果还有机会，在狗狗离开前，把所有你觉得曾经做得不够好的地方，通通告诉它，然后好好跟它说抱歉。

☑ 告诉它，你有多爱它

除了道歉，你也需要道谢与说爱，让它知道你有多爱它、有多感谢它。那麻薯的最后3个月，我早上醒来看见它的第一句话，就是告诉它，我很爱它。从正面情绪的传递中，可以让它获得最大的力量，而你与它，也才能更有勇气说再见。

☑ 告诉它，一切没关系

麻薯生命后期开始反呕、短暂休克、开始大小便失禁时，我会在第一时间跟它说："没有关系没有关系，不用怕，我都在。"狗狗知道的，它带给你的不便与忧虑，它都知道，也都觉得抱歉。不要在它已经羞愧的时候还指责它的不是，告诉它，一切都没有关系，真的没有关系。这样，它才能顺应自然，安心随身体机能的渐渐终止而离开。

☑ 告诉它，如果忍不住了，就安心走吧

不要哭天喊地地叫它不要走，它就得走了，你这样不舍又能怎么样？如果你还没开始养狗狗，可能真的无法相信，狗狗自己也会舍不得走；如果你已经把狗狗养到即将离开的时刻，那你一定知道，你的狗狗有多舍不得你哭泣。暂时收起你的纠结，学习冷静、平静地跟它说："如果真的很痛，就不要忍了，安心走吧，没有关系的。"等它真的离开后，你想怎么哭就怎么哭，你想怎么喊叫就怎么喊叫，那被压抑的纠结才能获得释放。

离开 3

12月中，太阳怎么还是那么大？晒得身体发烫。可是，躺在花园里，后肢瘫痪、不停喘气的麻薯还是发抖着，我怕它冷，把它抱到阳光底下，但又怕它热，放了一把伞在旁边替它遮阴。

我一下进屋察看安乐死事项、一下出去捏捏它后肢，我一下想着要不要送它去医院、一下又觉得是不是不要再惊动它。一颗心似散落着没时间整理的头发，在一进一出间摆摆荡荡。最后一次走出去摸摸麻薯时，它前后甩动着前脚，挣扎着，我焦急地问它是不是想站起来？它看看我，没有说话，我自己解读，双手扶住它后腹部，帮它站起来。

弯着腰拖着麻薯后肢很难行走，我小心地避免踩到它的脚。但这担心很短，我与麻薯只往前走出两步，然后，如暖冬冷风吹，它的身体发软，轻轻地、不疾不徐，一股力量从后面开始往前缓缓抽去，像是慢动作一样，它往我的方向倒了下来。

我跟着倒下的它一起跪在地上，及时扶住它的头，直直地看着它。在我双手中，呼噜一声，麻薯吐出一口气。

亲爱的黑麻薯：

那最后的一口气，没有灵魂离开的神圣配乐，佐着微风与树叶窸窣，就只是呼噜一声，有点像是吞下一口汤的声音，然后我知道你走了。那瞬间，我松了一口气，看着被病痛折磨得每天都吃不下东西又反复呕吐的你，我感谢老天终于把你带走，可是在这之后随即而来的，是一阵剧痛跟恐惧。

我放声大哭，很怀疑你是真的走了吗。我把手放在你鼻子前感受呼吸，摸摸你的胸口感觉跳动，拉拉你的手脚看看反应，结果，什么都没有。

什么都没有。

原来，那两步，是我与你的最后一段路。

离开两小时

我在阳光下陪着已经离开的你，不愿意离开。我担心鼓起勇气说再见之后，就真的再见了。所以一下摸摸你的头、一下擦擦你身体，一下说对不起、一下说谢谢你。

心里还有一点点自私愚蠢的期盼，期盼你只是又一次短暂休克，等一等就会醒来。直到两个小时后，你的舌头开始发黑、手脚开始僵硬，你始终没有睁开眼睛。原来，灵魂离开之后，这一切来得那么快，我知道时间真的到了，我不得不送你走。

对不起，马几；谢谢你，马几。

拆下你的项圈、最后一次摸摸你的头，很抱歉我没能看着你入土，我不能，我怎么能。

麻薯葬在花园最深处，一棵很大的橄榄树下，那里有旺旺、养乐多陪着它。那天，我坐在屋子里，看着早上去帮黑麻薯拿的那十天药，怕它苦，还跟医生多要了两罐糖浆。我好气，气那天为什么不早点起床、气那天为什么要一直工作、气它都要走了我还在查安乐死这件事！你很糟糕、你很糟糕，我一直觉得自己很糟糕。

对不起，马几；谢谢你，马几。

如果可以，我希望你已经是一只自由自在的小鸟，想去哪里就去哪里，看看这个世界，闻闻你没闻过的地方。

如果可以，我也希望你可以再回来当我的宝贝，这一次我不会整天工作，我会带你到处去玩，用最大的力量陪你上山下海。

如果可以，我最希望你还在，没有病、没有痛，在我开门的时候冲过来，这里蹭那里磨，然后躺下来露出肚子跟我说你都在。

对不起，马几；谢谢你，马几。

面对自己，你能做什么

☑ 告诉自己，都是自然的

当你决定养一只狗狗的时候，就该知道有一天它会比你先离开。不要过度纠结，不论是它生了重病在痛苦挣扎，还是它正常衰老直到无法动弹，这些在你眼里看起来极度不堪的样貌，对整个生态、整个自然界来说，只是一个正常不过的循环，当它身为动物在野外求生时，也是这样走向终点的。放宽心，打起精神，好好陪它最后一程。

☑ 告诉自己，它并不怪你

还记得狗狗那微微抬起头、天真傻气的憨笑吗？那个憨笑的乐观宝贝，怎么会记仇？又怎么会怪你？一切的罪恶感都来自你自己无法接受它离开的负面情绪。如果悲伤让你变得歉疚又愤怒，每天坚持跟自己说，狗狗真的在你给它吃好吃的东西之后就什么都没放在心上了，它不怪你。

☑ 告诉自己，它真的在

有些人在狗狗离开后，为了避免触景生情，把所有狗狗曾经用过的东西如玩具、被子、牵引绳、碗等都收起来。但那是尘封不是释怀啊。黑麻薯走后，我没有刻意收掉它的东西，看到物件，想哭时就哭；想起过去，思念时就尽情地思念；涌着歉疚，想诉说时就到它墓前诉说。只有这样直接面对死亡，未来的某一天，我们才能真正释怀。

☑ 告诉自己，一切都好

没有养过狗的人，看到这里大概已经按捺不住了，也许会想："不就是一只狗吗？怎么讲得像是世界末日。"相信我，狗狗的离开，对曾与它生活十几年的我们来说，就像失去一个孩子一样，"痛"都不足以形容。在这样如同末日的心情里，我们还是要告诉自己，这只是暂时的，一切都会过去，一切都会恢复常态。既然如此，是不是要早一点让自己平复下来？还想养狗就再去领养一只，家里还有其他狗狗的就延续那份爱，不想再一次心痛那就保留起来对自己好好爱。总之一切都会好的。

狗狗离开了，该做些什么事

1. 拆卸项圈

把那一直挂在脖子上的项圈拆下来吧。帮它揉揉脖子，跟它说，什么束缚都没有了，你不属于我、你不属于谁，从现在开始，你想去哪里就去哪里，好好玩一场。

2. 清洁身体

死亡后，肌肉松了，身体里的排泄物会自然流出。不要让狗狗这样臭臭地、脏脏地离开，帮它擦擦身体、吹干毛。如同刚长大成"狗"那样漂亮、帅气地去游玩。

3. 最后的祝福

不论你的信仰是什么，用一段祝福语抚平它所有的苦痛、安定它所有的不安、补足它所有的遗憾。这是最后的祝福，也是你与它最后的一段对话。

4. 送走它

即使再怎么不舍，你还是得尽快送走它。黑麻薯走后，我坐在它身边，陪了它两个小时。那时它的舌头已经发黑、四肢已经僵硬，而我也已经哭得双眼肿大。我知道再也不得不送走它时，是因为苍蝇慢慢飞来了。白天常温下，狗狗会在离开后3~5小时开始腐败，你不能一直揪着它不放，请坚强起来，想想要怎么送走它。

● **自行料理后续**

黑麻薯与过去离世的几只狗狗，一起土葬在花园最深处一棵很大的橄榄树下。如果环境允许，把狗狗留在它所熟悉的环境中当然是最好的，你想与它说话时就能找到它，想祭拜或思念它时很快就能抵达。

花开花落终有时，缘起缘灭无穷尽。写到这里，狗狗离开了，我们也要说再见了。相信我（最后一次要大家相信我），你与狗狗，一切都会好的。

狗狗说再见的方式

如果那一天，我能知道那是我与黑麻薯最后的日子，我又怎么会把时间花在工作上？这是很深、很愤怒的懊悔。如果你的狗狗出现了一些征兆，请正视它，并做好心理准备。

离开前 2 ~ 3 天

① 挖坑洞或躲藏

因为动物的天性，它知道自己即将死亡，会下意识地挖掘坑洞，想把自己掩藏起来，避免成为其他动物的食物。如果是待在家里无法挖坑的狗狗，可能会开始寻找隐蔽的角落躲起来，像是床底下、马桶后方或阴暗角落。

② 离开你、离开家

也许大家都听到过这个说法，狗狗在即将离世前会选择离开、独自死亡。从生理面来说，这与挖坑躲藏的习性相同，都是避免虚弱的自己成为猎食目标；从情感面来说，它不忍主人看见自己离世而痛心欲绝，所以选择消失。旺旺就是这样，虚弱虚弱着，有一天，就不见了。几天后，我们在花园栅栏外的一处林地树下，发现卷曲的、冰冷的、孤单的它。孩子，你还好吗？你怕吗？我们都在啊。

离开当天

1 完全无法进食

即将离开时，身体能量已降到最低值，这时的慌张会让狗狗咬紧牙关，完全没有办法灌食、灌水，你的焦急也只会让它感到无奈。如果出现这样的情况，不要强迫它、也不要强硬掰开嘴巴灌食，那对它是很痛苦的逼迫。

2 呕吐、大小便失禁

当身体机能已不受控制、消化系统也无法运作后，狗狗会感到晕眩、恶心，进而呕吐，然后慢慢地大小便失禁。这时候排泄出来的往往是稀稀的黄水，有时会有深黑色的血便。

3 瘫痪、喘气

一开始你能感觉到它极度深层的疲惫，走着走着就倒了下去，接着从后肢开始不听使唤，几乎失去知觉。已爬不起来的它，会开始喘气、伴随着前肢抽动或发颤。最后，剩下两只眼睛转啊转，像是在寻找你，也像是说着：这一次，真的要走了……

我与狗狗的相处方式

如果你慢慢读到这里，我真的谢谢你，因为这本书的文字很多，而现在的人已经不太读书了。如果这本书是你买的，我更要谢谢你，因为这本书用了我很大的力气，而现在的书已经很难卖了。

在这最后的最后，除了我真心的一句谢谢之外，我还想要跟大家说说我自己与狗狗的相处方式。我很担心这本书会让人误以为我是个极端爱狗人士，当然，我爱狗狗的心是毋庸置疑，但绝不极端——没别的意思，通常"极端"总会让人害怕。怎么说呢？面对狗狗，我在感性之余，仍保留着相当分量的理性，这一份理性，我觉得是让狗狗回归狗狗很重要的一个关键，它们也才能过得更快乐。

☑ 把狗狗当动物、不是人

它们再怎么可爱，也不会成为真正的人类小孩，所以我不会把它们当人一样的对待，比如要它们整天乖乖的，不要乱跑不要乱叫；比如要它们一定要在厕所里或马桶上大小便；比如要它们睡觉时乖乖躺好睡觉……这些对一只动物来说都太过严苛与病态，如果要这样，养小孩就好，不要养狗。

☑ 不亲、不一起睡、不整天抱着不放

因为很懂狗，所以我不亲狗也不会与狗狗一起睡觉。如上所说，因为狗狗是动物，所以它会有舔舐自己身体、生殖器官、分泌物的

习性，每每看见有人与狗狗"舌吻"，我都觉得胆战心惊，因为动物的口腔里有大量的细菌与病毒，且许多都会让人生病。而一起睡觉这件事我也不那么做，除了寄生虫的问题外，养狗狗的人都知道，夏秋两季的换毛期，那如雪花般的疯狂掉毛，足以再做一床棉被了。如果共眠，对自身的呼吸道与皮肤会有不良影响。而整天抱着，你以为是爱，但狗狗觉得超烦。动物喜欢拥有自由移动的能力，你整天把它搂在怀里，就跟人绑着束缚带是一样的。

☑ 让它自由自在地活着

就像我一直说的"天生天养"，狗狗有它自己一套动物的生活方式，不需要处处都配合人类，如穿衣服、穿鞋子、坐婴儿车等。有时候我们自以为是的照顾，对狗狗来说是痛苦束缚。我喜欢让狗狗用"原本的样子"生活着，想叫就叫、想闻就闻，也因为环境允许，我更鼓励它们自由地奔跑。

以人类孩童的概念来说，我与狗狗的相处方式大概就是"森林小学"的感觉。狗狗的一生不过十余年，与我们相遇是缘分，不是服从或劳改。我喜欢站在它们的角度与它们相处、让它们自由自在地享受狗生。不管你是准备养狗还是已经养狗，都让你看看我与狗狗的自然相处之道。好了，真的必须跟你们说再见了，谢谢出版社给我这样的机会帮狗狗发声，希望我的微薄之力，能够让所有的狗狗生活更美好。

麻薯，
要一直开心地笑哟！

☑ 我的宠物知识与参考资料来自

《狗狗的家庭医学百科》(野泽延行著)
《慈爱动物医院小百科》
中国台湾动物社会研究会
Afurkid 毛小孩宠物资讯网
毛孩园地
毛孩好日子
Petmily 宠物迷知识平台
爱你宠物网 Love U Pets

由衷谢谢所有爱狗的你们

bye bye !

迷恋于，用手绘的温度，炙热日常美好角落；
晕眩在，用温润的杂想，拼凑生活每片视野。

同时，也非常感谢照料双欧的"家安动物医院"傅医师审阅了这本书，
非常感谢！

图书在版编目（CIP）数据

我的第一本狗狗照顾书 / 刘彤渲著. —北京：中国
轻工业出版社，2022.12

ISBN 978-7-5184-4109-9

I. ①我… Ⅱ. ①刘… Ⅲ. ①犬—驯养—通俗读物
Ⅳ. ①S829.2-49

中国版本图书馆 CIP 数据核字（2022）第 154130 号

责任编辑：王　玲　　责任终审：劳国强　　封面设计：董　雪
版式设计：锋尚设计　　责任校对：晋　洁　　责任监印：张京华

出版发行：中国轻工业出版社（北京东长安街6号，邮编：100740）
印　　刷：北京博海升彩色印刷有限公司
经　　销：各地新华书店
版　　次：2022年12月第1版第1次印刷
开　　本：710×1000　1/16　印张：17
字　　数：200千字
书　　号：ISBN 978-7-5184-4109-9　定价：68.00元
邮购电话：010-65241695
发行电话：010-85119835　传真：85113293
网　　址：http://www.chlip.com.cn
Email：club@chlip.com.cn
如发现图书残缺请与我社邮购联系调换
211269S6X101ZYW